JN212904

センサ工学の基礎

山﨑弘郎——著

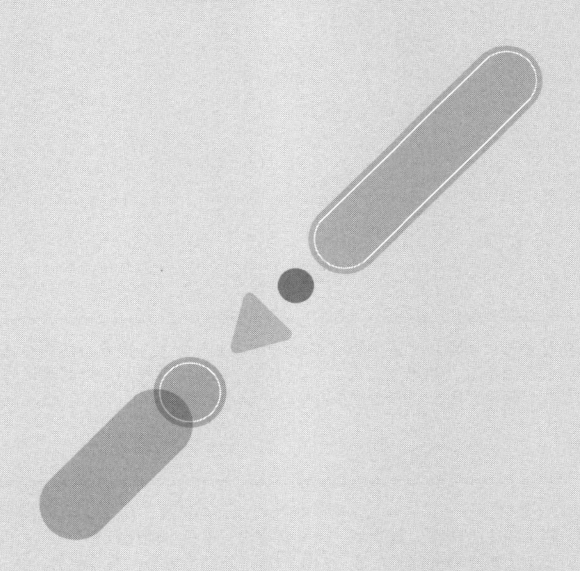

はしがき

センサは人間や動物の感覚器官の機能を代行し，さらに機能を専門化することにより性能の拡大発展を目的とした機械である．

日常の生活から生産活動などに至る広範囲ないとなみの中で，我々は環境の状況や生産対象に関する情報をセンサを通して獲得している，そして，それらによって次にとるべき我々やシステムの行動が決定されている．

我々の五感の一部が機能を喪失したとき，あるいはセンサが故障した自動化システムの挙動を想定するとセンサの重要性は誰にもあきらかであろう．

我々は計測という行動によって対象に関する有用な情報を得る，計測ではセンサが行う信号変換の連鎖を逆にたどって対象の状態を把握する，信号変換の連鎖をたどることは，その逆変換を求めることに他ならないが，通常，それは信号処理装置によって実行される．信号処理装置は新しい計測システムにおいては専用の高性能コンピュータであることが多い．

そのコンピュータがいかに優れた性能をもっていたとしても，それに供給されるセンサからの情報が誤っていたら正しい結果を得ることができない．この意味で「センサ技術は計測技術の原点」といえるのである．

しかし，現実のセンサは，使用目的や状況に応じたニーズが先行して開発されたので，センサを対象とした工学は学際的横断的ではあるが，広範なひろがりのゆえに体系化が困難で系統的な理解を妨げる側面があった．

計測や制御技術の高度化，自動化システムの広範な浸透に従ってセンサ技術の進歩は目を見張るものがあり，異分野の研究者や技術者とのかかわり合いも緊密になった．その結果．以前にも増して工学としての体系化と全体像を見渡せる視点とが強くのぞまれている，

この本は計測や自動制御技術を目指す学生や他分野の技術者，研究者を対象としセンサ工学の基礎を解説したものである．同時にセンサ自体を専門とする研究者や技術者に対してもセンサ技術の全体像を示すことも目標とした．した

がって，すべてを網羅することよりもセンサ技術の横断的構造を明らかにし，千差万別といわれる技術の中に共有の手法と技術とが存在することを延べながら全体像を明らかにするようにつとめた．計測技術との関連を最も重視して記述したつもりである．

2章ではセンサを計測システムの基本要素としてあつかい，信号変換を横断的に考察した．3章では測定の基準となる量の標準について触れた．

4章から9章までは計測対象によって区別しつつ，基本物理量の信号変換の原理や基本的構造を示した．

材料技術や物性科学の発展にともない，今後ますます固体物性型センサデバイスの重要性が高まることが予想される．それらを統一的に述べる準備として，とくに7章において半導体物性の基礎を紹介し，光や磁界との相互作用としてセンサデバイスの原理を紹介した．

10章ではセンサ工学の進歩の動向を述べた．とくにインテリジェントセンサあるいはスマートセンサとよばれる知能化の傾向を重視した．知能化によって，センサのプロトタイプである生態の感覚器官に一層近づくことになるので，それが技術の進歩の必然的な姿と考えたからである．

著者の意図がどこまで実現したか読者のご判断をまつのみであるが，限りないひろがりと奥深さをもつ新しいテクノロジーを理解する上で少しでもお役に立てばと願っている．

本書を書くのにあたって多くの文献を参考にしたが，それらの著者に謝意を表する．また良い機会を与えていただいた上に出版に努力された昭晃堂の関係者の方々に御礼申し上げる．

1985年8月

著　者

改訂版出版にあたって

1985年（昭和60年）に「センサ工学の基礎」を発刊してから15年が経過した．この間にセンサはすっかり社会に浸透し，やや耳慣れない響きを持っていた「センサ工学」も工学として市民権を得られた．本書の初版は幸いに多くの読者を得て，増刷を重ねることが出来た．横断的な性格を持ち，系統的理解がしにくいセンサ技術の全体像を示し，センサ工学の体系化に向けた視点を提供できればとの願いをこめて本書を執筆した．その願いがご理解を得たのではないかと思う．一方，教科書として使って下さった多くの先生方から貴重なご意見やご注意を頂いた．これらのご支援に御礼を申し上げる．

15年を経過して技術の質的な進歩と量的な広がりを取り入れて改訂する事とした．私自身が機会があれば改めたい箇所や表現があったので，それを優先するとともに全体像を明確化する基本方針を一層強化した．同時に多岐にわたる最近の進歩の成果を技術の流れを示す形で取り入れた．各章に手を入れたが，一番大きな変化は最後の10章であろう．初版では「センシング技術の未来像」となっていたが，15年の歳月が未来像の大部分を実現した．新版では技術の進歩の流れを示すこととし，大幅に書き改めた．特にセンシングのシステム化が進むとともに多次元化や知能化，多モード化などが進む趨勢を解説した，これらの路線の上に21世紀のセンシング技術が展開すると考えたからである．また，導入部である第1章においてはセンシング技術が対象の検出から対象の認識にむかって進みつつあり，それが社会の要請に基づいていることを強調した．

こららの著者の意図が理解され，初版同様に新版が広く受け入れられることを願っている．改訂に尽力された昭晃堂の関係者に御礼を申し上げる．

2000年8月

著　　者

第3版にあたって

1985年に本書の初版を刊行し，2000年に第2版を刊行した．その後20年を経過して第3版を刊行できた．出版社が昭晃堂からオーム社に引き継がれて幸い版を重ねられたことを有難いと思う．

センサ工学の入門書として，センサ技術の全体像をわかりやすく示すことを狙って誕生した本書が，先生方のご理解を得て多くの教育現場で活用していただけたことに感謝している．20年ぶりの全面的な改版にあたって，センサ技術の全体像を伝える方針は引き継ぎ，強化した．センサの入門書が急増した現代，その必要性をさらに強く感じたからである．章の配列や構成は変えず，センサ信号の意味を理解するセンシング・インテリジェンスの役割を重視し，情報の質を高めるしくみに関する記述を補強した．また，計測技術とのかかわりでは，物理定数に依存する量の定義変更を取り上げ，誤差に代わり導入された不確かさをセンサ情報評価の指標とした．

進歩の流れに沿う技術は積極的に取り入れた．発展が目覚ましい化学成分センサ技術は到底紹介しきれないが，基礎科学との関連で核となる技術を紹介した．今後の進歩に関してはその方向性を紹介した．

今回から章ごとにやさしい練習問題を加えた．復習を兼ねて解いてほしい．特に数値を求める問題はセンサ信号の実際のレベルを知り，身近に感じるのに役に立つ．

この35年ほどの間にセンサに対する社会の注目度は高まり，技術の発展や社会の変革に欠かせないキーデバイスとなった．すべてがインターネットにつながるとされるIoT社会ではセンサの重要性はさらに増すことだろう．

改訂に当たり東京大学の奈良高明教授と長谷川圭介講師には，ご多用の中，原稿に目を通され貴重なご意見を頂いたことを深謝する．改訂にあたってお世話いただいたオーム社の方々にも御礼を申し上げる．

2019年11月

著　　者

目　次

第1章　センサとは何か

興味をもつ対象の実体を明らかにするシステムの最先端に使われるのがセンサである．本書の目的は，実例を示しつつセンサに関する知の全体像を伝えることである．その上，センサ工学と関係の深い計測技術や制御技術にも触れる．センサ技術の出発点は人の五感の感覚器官や神経，脳の情報処理機能であるが，同時にそれらが技術を進歩させる目標でもある．

1.1　センサと信号

私たちは何か対象に興味を惹かれたとき，五感を動員したり，道具や装置を使って，対象から情報を入手して知識を得る．**センサ**（sensor）はそのような情報を獲得する装置の最先端の要素である．最先端の要素は通常対象に最も近い要素を意味する．私たちの五感もセンサにより構成されている．**センシング**（sensing）の対象については，私たちが興味をもった主体であるだけでなく，私たち自身が対象になる場合もある．その主体は別の個人や組織であったり，自動化装置のような機械の場合もある．

興味を惹かれた対象によるセンサへの刺激がセンサに加わる入力信号であり，その情報を担う量を出力信号という．出力信号を頼りに私たちは対象を認識する．

出力信号は多くの場合は電気信号である．電気信号は増幅，伝送，演算などの機能を実現する信号処理手段が整備されているし，それを実現する機器やコンピュータなども入手が容易であるからだ．電気信号以外では，光ファイバー技術が発展したので，光の信号が増えてきた．

電気信号はセンサの対象に応じて変化する電圧あるいは電流である．センサのなかには，電圧や電流の代わりに抵抗が変化する場合がある．このときはセンサを駆動する電流によって抵抗に生じる電圧が変化する．そのため，電圧が信号であることに変わりはないが，センサの動作原理が異なっている．極端な場合として，センサがスイッチと同様に抵抗が0か無限大かの場合もある．

出力信号に対して，対象からセンサに加わる信号を入力信号という．入力信号は対象に関する情報をもち，信号の種類は非常に多様である．主要な物理量に限っても，力，速度，加速度，熱，光，放射線，磁気，音などがあり，物質に関係する化学量となると，物質の種類と同様に限りがない．さらにバイオサイエンスや医療技術の進歩により生体に関する多様な量も加わりつつある．

1.2　センサの役割は信号変換

非常に多様で広い範囲にわたる入力信号を，主に電気量である出力信号に正確に変換すること，すなわち，信号の変換がセンサの主な役目である．そのため，センサは**変換器**（transducer）と呼ばれることもある．

私たちは五感というセンサにより，環境の情報を取り入れて行動している．ロボット（robot）のような自動化機械も同様に各種のセンサをもち，環境情報のほかに与えられた仕事をこなすための情報をセンサから獲得して，仕事を実行している．

表1.1は人の五感とセンサとの関係を示したものである．とくに後の章で述べる半導体センサによって，五感に相当する機能が整備されていることが注目に値する．

センサは人や生物の五感を代替し，機能の拡張発展を目指して開発された機械である．センサ技術の発展段階を**表1.2**に示す．単なる模倣から脱せず，人のセンサより劣る段階，性能が同等の段階，機械が人の感覚器官を凌駕したと考えられる3段階を表に示した．

感度，変換可能な範囲，精度などに注目した単純な比較であるが，視覚や聴覚ではすでに機械が人を凌駕しており，触覚では同程度，味覚や嗅覚では対象による例外はあるが，まだ人の感覚が優れている．それらは技術の発展段階や技術の体系の確立と関連がある．

表1.2を補足すると，視覚や聴覚では人が感じられない赤外線や紫外線，放射線，超音波などを高感度で検出するセンサがある．触覚では，接触により対象の有無を検出する段階では同等だが，人の触覚は撫でまわして形状を認識す

表 1.1　人間の感覚と半導体センサデバイス

感　覚	器　管	関係する現象，物　理　量	半導体センサデバイス	
視　覚	眼	可視光 結　像	光電変換デバイス	光伝導デバイス フォトトランジスタ フォトダイオード CCD イメージセンサ CMOS イメージセンサ
聴　覚	耳	音　波 振　動	圧力電気 変換デバイス	ピエゾ抵抗デバイス
触　覚	指 皮　膚	変　位 圧　力	変位電気 変換デバイス	ピエゾ抵抗デバイス ひずみゲージ
温　覚	皮　膚	電熱，放射 温　度	温度電気 変換デバイス	サーミスタ 赤外光伝導デバイス 赤外フォトダイオード
嗅　覚	鼻	拡　散 吸　着	ガスセンサ 湿度センサ	
味　覚	舌	溶　解 吸　着	イオン検出 FET	

表 1.2　機械技術発展の 3 段階

段　階	第 1 段階	第 2 段階	第 3 段階
構　造	生体の機構の模倣	合理的機構の探索	機構の最適化
技　術	機械の技術体系なし	機械独自の技術体系確立	独自技術の飛躍的発展
性　能	生体の機能より劣る	生体と同程度	生体機能を凌駕

るなど，機械の触覚より奥が深い．また，人が感じない磁気や放射線などは優れたセンサが開発され，既に広く使われている．

1.3　検知と認識

1.3.1　検知から認識にいたる過程

人の感覚には二つの面があって，対象の有無あるいは対象からの信号を検出する物理的側面である**検知**と，状態を認識したり，対象が何であるかを同定するような情報的側面，表現を変えると知的側面である**認識**とからなる．

接近してくる人を機械がどのように捉えるかを考える．対象の物理的特徴を捉える．音波や電磁波の伝搬を止めるか反射するので，存在が知覚される．さらに近づくと人が発する赤外線が検出される．人が近づくとドアが開いたり，手を差し出すと水が出るのは赤外線で人体の接近が検出されているためである．人が静止すれば，体重でも検出される．センシング過程は，機械が対象である人の特徴を利用して対象をモデル化し，その特徴量をセンサで電気信号に変換している過程とみることができる．このモデル化が大切で，適切な特徴量を検出変換するセンサの選択を支配する．モデル化ができなければ特徴を捉えられないので，検出できない．ハイジャックを防ぐための空港のセキュリティチェックでは，ハイジャック犯の意図を直接モデル化できない．そのため，ハイジャック犯は武器をもっている，武器は金属製である，との推定から高感度の金属センサを使用した．その結果，関係のない人たちのキーホルダーやコインなどが検出されることになる．金属はハイジャックのモデルの特徴としては適切ではない．

検出した対象が人と判明すれば，次は誰かという同定認識の段階になる．

同定認識の働きを別の表現に変えるならば，センサの出力信号の意味を理解する働きということができる．

コンピュータを使用するパターン認識や音声認識の研究が進んだ結果，認識能力は大幅に向上した．機械における顔や声の認識過程は，構築されたモデルに依存しているが，人のそれとかなり異なることがわかってきた．

コンピュータが記憶容量の大きさと，処理の速さなどが人よりも優れた特性を生かして認識処理技術を進歩させたので，人の認識を超える時期が遠からず来るに違いない．

1.3.2 ロボットのセンサ

ロボットの技術が急速に進歩して，生産現場では欠くことのできない存在になった．それでも生産現場への導入の初期において，ロボットが突然動いて人を傷つける事故が起きた．そのためにロボットが稼働中は周囲に柵を設け，人の接近を法律で禁止した．しかし，生産現場では，器用ではあるが持久力がない人と，持久力はあるが不器用なロボットの協調作業の必要性が高まった．速度と扱う荷重に制約はあるものの，柵を除き人とロボットの協調作業を実現した．ロボットが部品の重量を支え，人が器用に部品を取り付けるような協調作業が可能になった．このような仕事を実行するには，ロボットにいままでと異なるセンサが必要となった．まず，ロボットが人の体と直接接触したら，直ちに停止するような動作を行うセンサである．これは，一種の触覚センサであるが，人の安全のために必要不可欠である．

さらに，協調作業を行う人とロボット間の情報交流が必要で，その交流がスムースにいかなければ協調作業は進まない．そこで，ロボットにとって最も必要な情報は人が何を望んでいるかを知ることである．言葉を介入させられない両者の間で，相手の意思を理解することが必要になり，ロボットがセンサの情報の意味を理解して動作することが求められるようになった．

いままでは人が環境や機械の状況を知るためにセンサ情報を活用し，その意味を理解してきた．これに加えて，機械が人を対象とし，人が何を望んでいるかを機械が認識する必要が生じてきたのである．

1.4　センサ工学とは

1.4.1　センサ技術の体系化

いろいろな用途の個別の要求に合わせて，センサが開発され，生産され，応用されてきた．そのセンサ開発や応用に活用された知識の集積がセンサ技術である．センサ開発の実績が増えるに従い，技術が整理されて，知見が集積し，新しいセンサの開発が効率よく進む．

知識を整理し，統合して成果を得る過程を技術の体系化と呼ぶ．体系化された知識は工学として広く世界の国々や後の世代に伝えることができる．センサ工学はセンサ技術やその広範な応用を記述するセンシング技術を包含する知識を体系化したものである．

1.4.2 センサ工学が応用される分野

センサ工学が深くかかわる分野として計測工学や制御工学がある．計測工学は私たちが興味をもつ対象の情報をセンサにより獲得し，対象に関する不確かさを減らして，知識をより明確にする点ではセンサ工学と共通である．さらに関連する分野として，計測のほかに測定や計量という言葉が使われる．

測定は，対象となる量を基準となる量と比較して対象量が基準の何倍であるかを定め，数値で表示することである．したがって，測定を実行する機器には，基準量を保持し，それと対象とを比較する機能，結果を表示する機能などが不可欠である．

計測は基準，比較，表示の機能をもつ点で，測定と共通であるが，客観的な基準量を定めることができない対象についても情報を獲得し，量的に記述表示する機能を含む，測定より広い概念である．

また，通商や取引の対象となる量の不確かさを減らす目的の計測は，日常生活と関係が深いため計量と呼ばれる．

センシングはそれらに対象に関する情報を提供する基盤となる技術である．

これらの包含関係を**図 1.1** に示す．センサは計測や制御を実行するシステムの最先端のデバイスであるが，その信号変換が正しく行われないと，そのあとの装置やシステムが正常に働いても正しい結果は得られないので，センサの存在や特性は非常に重要である．

コンピュータによる高度なディジタル情報処理が実行され，その情報がイン

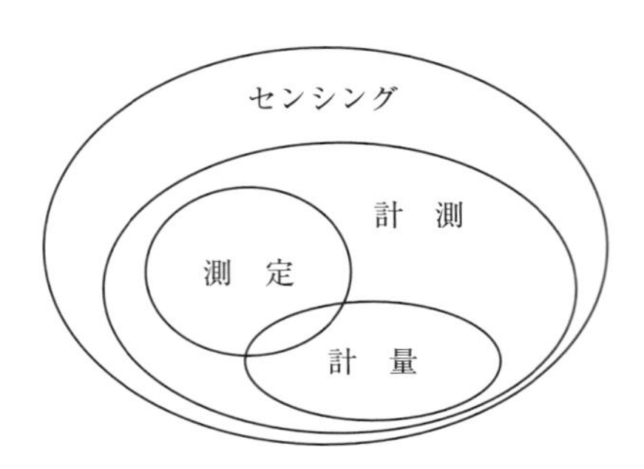

図 1.1 計測，測定，計量，センシングの包含関係

ターネットなどのネットワークを通して動いていく社会，サイバーフィジカルシステムやインターネットオブシングス（internet of things：IoT）の世界がこれから展開していくであろう．それを起動するセンサはディジタル信号の符号の世界とは異なり，多くの場合人と同じ物理現象が支配する実世界で，実のアナログ信号を発信する要素としてディジタル情報のサイバー世界とフィジカル世界の境界に位置し，二つの異なる情報の世界をつなぐインタフェースとして非常に重要な役割を果たすことになる．

第1章で学んだこと

センサとは何か．技術の体系化とは，センサの体系化された知識がセンサ工学となる．センサ選択過程の最初は対象の特徴を引き出したモデル化である．その特徴量を変換するセンサデバイスの選択がセンサ技術の成否を分ける．センサの技術レベルは人間の感覚器官と比較してどの程度のレベルか．センサ工学と計測工学との関係などを学んだ．

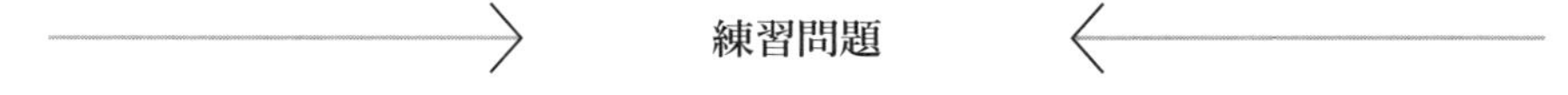

練習問題

問 1.1　センサとトランスデューサの違いを述べよ．

問 1.2　次のものはセンサとして使えるか．使えるとした場合にはどのような量や状態を検出するか．

a）太陽電池　b）発光ダイオード　c）液晶板　d）フューズ
e）リレー　f）拡大鏡　g）イヤホーン
h）磁石　i）白熱電球　j）リトマス試験紙

問 1.3　次の言葉の共通点と相違点とを述べよ．

センシング，計測，測定，計量

問 1.4　人の五感と現在のセンサ技術を比較して，センサ技術のレベルを述べよ．

問 1.5　センサの出力信号において，電気信号が光や油圧，空気圧などに比べて最も多く使われている理由を述べよ．

第2章　信号変換のしくみ

センサによる信号変換を，エネルギーの変換や物理現象と結び付けて理解すると，雑多な知識の集合のように思われたセンサ技術が明確な概念と少数の物理法則に支配されている事実が明らかになる．信号変換のしくみには，人が長い間に蓄積してきた知恵や工夫が技術として多数詰め込まれている．多様なセンサを分類するには入力より出力信号に着目したほうがよい．能動型か受動型，あるいは，構造型か物性型かに分類できる．さらに本章では，得られる情報の質を高めるために考え出された，いろいろなしくみを紹介する．

2.1　情報とエネルギー

2.1.1　物理センサか化学センサか

センサを分類するためには，測定の対象となる量が物理量か化学量かによって大別できる．両者は性格が異なるので，区別しやすい．

物理量は力や変位，速度など，関係する物質の種類によらない普遍的な量で，電界，磁界などの場，あるいは電磁波や音などの波動を定量的に表現する量である．化学量は物質を構成する成分や成分比，pH，反応速度など，関係する物質や濃度などの性質を定量的に表現する量である．

物理量を検出変換するセンサを**物理センサ**（physical sensor），化学量を対象とするセンサを**化学センサ**（chemical sensor）と呼ぶ．

2.1.2　信号変換とエネルギー変換

ここでは，物質の種類によらない物理センサについて信号変換を考える．工学技術の重要な要素として「物質」と「エネルギー」とがあり，20世紀の後半から「情報」が加えられた．センサでは信号の検出感度や応答速度，さらには変換された信号の精度や信頼性が重要で，それらによりセンサの価値が評価される．言葉を変えると，センサがかかわる情報の質と量とを尺度として評価される．その反面，信号の検出や変換にかかわる物質やエネルギーなどは二次的なかかわりと考えられがちである．

センサ情報が信号という形をとって変換あるいは伝送されるときには，物理法則が支配する現実の世界で機能が実現しなければならない．すなわち，情報の流れを支配するのは物質であり，情報の流れはエネルギーの流れでもある．したがって，センサと対象との間に情報の授受があり，信号の変換に対応してエネルギーの変換があり，そこに物質が関与していることを忘れてはならない．たとえば，シリコンの太陽電池はエネルギー変換器であるが，本書の第7章で述べるように光センサとして光を電気信号に変換しており，そこではシリコンという物質が感度を定める光の波長を支配している．

2.1.3　示強変量と示容変量

センサの対象となる物理量を考えると，作用の強さを記述する intensive な性格をもつ量と，物質の量や空間的な広がりを記述する extensive な性格をもつ量がある．前者は力，圧力，温度，電界，磁界などであり，ある場所における作用の強さを表し，物質の質量や空間的な広がりにはよらない．これを**示強変量**と呼ぶ．後者は長さ，体積，質量，電荷，磁束など空間的な広がりをもち，物質の量などとかかわる量である．これを**示容変量**と呼ぶ．

センサの信号変換において入力信号と出力信号に着目すると，**図 2.1** に示すように，入力側，出力側のそれぞれに示強変量と示容変量が対の形で存在する．

大切なことは両者の積がエネルギー，あるいはエネルギーの時間変化率であるパワーとなることである．

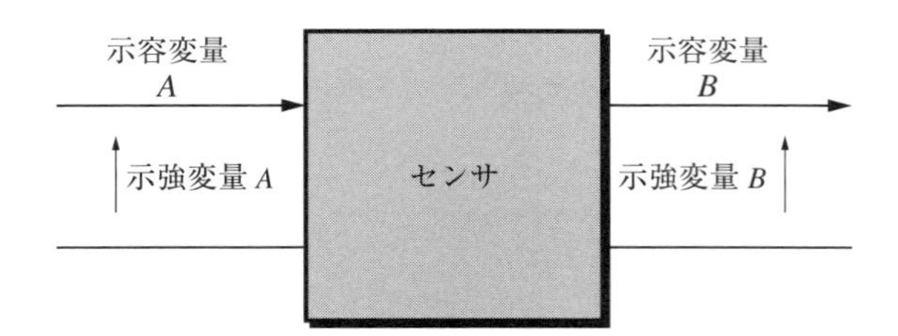

図 2.1　センサの入，出力における示強変量と示容変量

図 2.2　センサにおける示強変量と共役な示容変量の例
（太字が信号変量，他方が変換の不確かさに影響する変量）

温度センサの一つである熱電対の場合を例にとると，**図 2.2** 左に示すように，入力側で温度差が示強変量，熱の流れが示容変量であり，出力側では熱起電力による電位差が示強変量で，電流が示容変量である．両者の積を考えると入力側では，温度差と熱流との積はエネルギーの流入速度に相当し，出力側では電力でパワーに相当する．そこにおいて，示強変量である温度差と同じく示強変量である熱起電力とが 1 対 1 に対応する関係があるので，熱電対接点の温度が対象の温度と等しくなっているとの前提で対象の温度が電圧に変換される．

それでは，両者の示容変量はどのように作用しているのかを考えてみよう．入力側では対象にセンサを接触したときにセンサである熱電対に流入する熱流である．すなわち，対象とセンサとが熱平衡状態になるための熱の移動量であり，センサの接触が対象の状態に与えた影響を意味する．もし，対象の熱容量が小さいと，対象の温度が変化するので変換の不確かさが発生する．同様に熱電対の出力電流が流れると，内部抵抗のために起電力が低下してやはり不確かさの原因となり，いずれも不確かさに影響する．

フローノズルやピトー管は液体や気体の流速，あるいは流量を出力側の圧力差（差圧）に変換するセンサである．この場合も同様に，性格の異なる変量の対が図 2.2 右のように存在する．そして，示容変量である流量あるいは流速を示強変量である圧力差に変換する．そこで，対となる共役変量の影響も同様である．入力側の圧力降下が対象の流れに及ぼすセンサの影響を示し，出力信号に伴う流れの存在は変換の不確かさに影響する．

以上のことを要約すると，図 2.2 に示したようにセンサは 4 端子をもつエネルギー変換器において入力側，出力側に共役な変量の対が存在する．そして，対の片方が出力側の出力信号に対応するが，信号に使用されない変量の存在は変換の不確かさの原因となる．このことから対象の状態を乱すことなく正確な計測を行うには，共役となる変量の影響をできるだけ抑えるのが大切なことが分かる．

2.1.4 センサの出力のエネルギーはどこから

図2.2に示したセンサの出力信号に含まれるエネルギーあるいはパワーはどこから来るのだろうか．これは図の例の説明から明らかなように，センサの検出対象から来たものがセンサで変換されて出力となったものである．なぜならば，対象とセンサ以外にエネルギーを供給するものが存在しないので，対象から送られたエネルギーあるいはパワーが電気信号に形を変えて出力されている．このような信号変換を行うセンサを**エネルギー変換型センサ**と呼ぶ．

センサの中には対象により，電気抵抗やインピーダンスが変化する性質を利用して信号の変換を行うものがある．抵抗やインピーダンスの変化を確認するためには，センサに電力あるいは電気エネルギーを供給してみなければならない．

半導体である硫化カドミウム（CdS）は光が当たると電気抵抗が変化する性質を利用して光センサとして使われる．同じく半導体であるサーミスタは温度によって電気抵抗が変化するので，温度センサとして多数使われている．これらは電源を接続したときに流れる電流がセンサの出力信号となる．

したがって，これらのセンサの出力パワーは抵抗を知るために電力を供給する電源から供給された電力の一部である．ここでは，検出対象からの信号である光や熱が電源から供給されたエネルギーの流れ，すなわちパワーを制御して

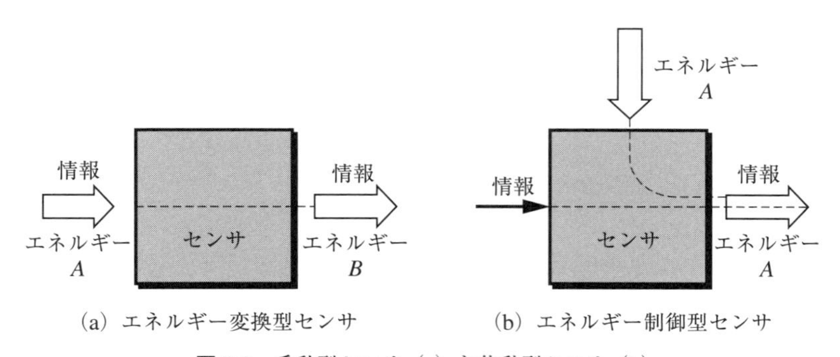

(a) エネルギー変換型センサ　(b) エネルギー制御型センサ

図2.3 受動型センサ（a）と能動型センサ（b）

いる過程で信号変換が実行されると見なすことができる．このようなセンサを**エネルギー制御型センサ**と呼ぶ．ここに述べたようにセンサの信号変換にはエネルギーがかかわっている．この関係を**図 2.3** に示す．

エネルギー変換型センサでは出力のエネルギーは入力より小さい．一方，エネルギー制御型センサでは，出力側に供給されたパワーの一部が出力信号となるので，対象から加えられた入力のパワーより大きい．入力と出力のパワーに着目すると信号変換とともに増幅作用をもつことになるので，**能動型センサ**と呼ばれることもある．エネルギー変換型センサは**受動型センサ**である．

能動型センサの考えを広くセンシングにまで拡張すると，**能動型センシング**と**受動型センシング**とがある．光，電磁波，音波などを対象に照射してその反射波から対象の状態を知る手法は能動型センシングという．一方，対象が発する信号のみでセンシングを行う手法は受動型センシングという．レーダやソナーでは両方の方式が使われるが，受動型のセンシングは対象に照射する信号で，照射側の意図が対象に知られるのを防ぐ方式である．

エネルギー制御型のセンサにおいて，センサの抵抗がスイッチのように無限大から零に変わるものがある．このようなセンサの出力は抵抗の二つの状態が 1 あるいは 0 に対応する場合，二つの状態に対応して出力側で実行すべきことがあらかじめ決まっているような場合で，1 ビットの出力ともいわれる．

2.1.5　構造型か物性型か

物理量の信号変換を行うセンサは当然，物理法則を応用する．物理法則は非常に多数あるが，次の 4 種類に大別される．

①　保存法則

②　場の法則

③　統計法則

④　物性法則

このうちセンサの信号変換に応用されるのは，ほとんど②場の法則と④物性法則の 2 種類である．

場の法則の中でも最も重要なのは，電磁場の法則で，電磁場の空間的あるいは時間的な作用を記述する法則である．静電容量の変化を利用した変位センサやマイクロフォンは静電場の法則を応用したセンサである．**図 2.4** に示す平行平板コンデンサの電気容量 C は

$$C=\frac{\varepsilon A}{d} \tag{2.1}$$

ただし，ε：2 枚の電極の間を満たす絶縁物の誘電率，A：極板の対向する面積，d：平行した極板の距離

で表される．

式 (2.1) から明らかなように A または d を変えると C が変化するので，変位が電気信号に変換される．センサのインピーダンスが対象により変化するので，エネルギー制御型あるいは能動型センサである．式 (2.1) には誘電率 ε が含まれるが，センサを構成する容量の極板の材質は関係しない．センサの構造，寸法，形状などにより特性が支配されるので，**構造型センサ**と呼ぶ．

これに反して，物性法則を利用したものは，センサを構成する材質特有の性

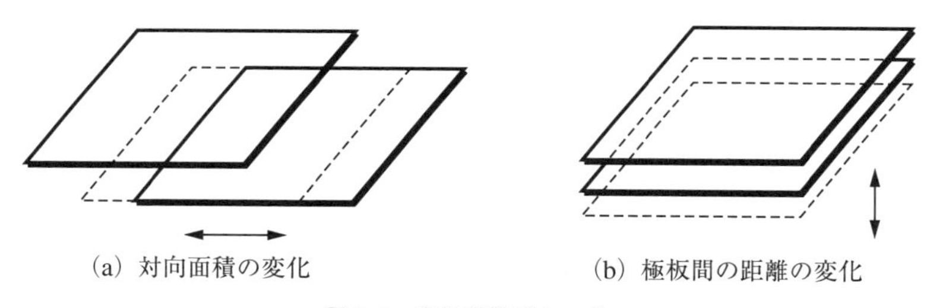

(a) 対向面積の変化　(b) 極板間の距離の変化

図 2.4　容量変換型センサ

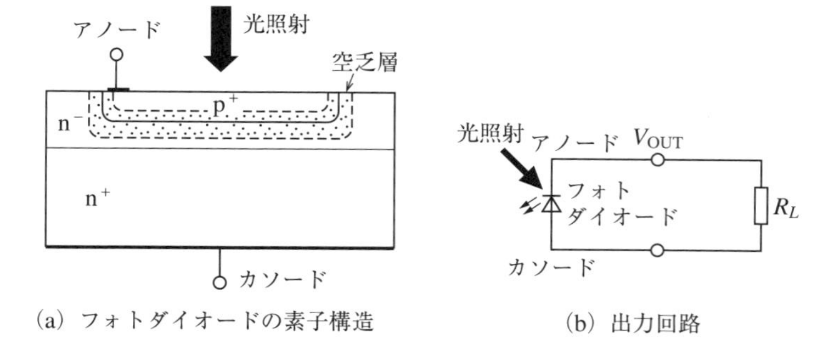

(a) フォトダイオードの素子構造　(b) 出力回路

図 2.5　物性型センサの素子構造とその出力回路

質を応用しているので，材質により特性が大きく支配される．

物性型センサの代表は半導体物性を応用した光センサである．**図 2.5** に示すようにシリコンの pn 接合には空乏層と呼ばれる電位障壁が存在し，電流を流すキャリアが存在しない層がある．

そこに光が入射すると光により励起された負の電荷をもつ電子と正の電荷をもつ正孔の対が生じ，それが電位障壁の電場により分離されて電流が流れる．もし電流が流れなければ，電位差を生じる．それに負荷抵抗を接続すると電流が流れる．この電位差，あるいは電流を出力信号とした**光センサ**が使用される．シリコンの pn 接合は，光を電力に変える太陽電池としても使われる．詳細は第 7 章「固体センサデバイス・半導体センサ」において述べるが，シリコンの pn 接合の光によって生じる光物性の現象が，人が明るいと感じる光の波長と重なるので，光センサとして利用されるのである．この光センサでは，太陽電池と同様に光によって生じた電荷が出力となるので，エネルギー変換型センサである．人が光として感じない波長の電磁波に対して，別の物質の光物性効果が電気出力を生じる．これらは赤外線センサあるいは紫外線センサとしてその現象が利用されている．

このように材料のもつ固有の物性法則に基づく性質を活用するので，**物性型センサ**と呼ぶ．物性型センサの特性は材料固有の性質を活用するので，設計の自由度が乏しく，温度などの環境条件にも特性が影響を受ける．材料を管理すれば，望む性質と感度をもつセンサの大量生産が可能なので，自動車や家電製品に使われるセンサは物性型が多い．

現実のセンサは物性型あるいは構造型のどちらかに属するが，構造と物性の両方の影響を無視できないものもある．

化学センサでは，対象物質を特定した上，成合比や濃度を出力するので検出や信号変換の過程で物質に対する選択性が必要である．選択性を実現する手法には，対象特有の性質に依存する方式と，前処理で共存物質を分離して，対象の濃度などを決定する方式とに分かれる．

2.1.6　センサの生産手法に革命をもたらしたマイクロマシン技術

シリコンの結晶をエッチングで厚さを調整して圧力を受ける膜をダイアフラ

ムとし，その一部に別の物質を拡散することでダイアフラム表面にひずみセンサを作りこんだ構造をもつ**圧力センサ**がある．圧力センサでは，ダイアフラムの形状と厚さなどの構造，シリコンの物性とひずみセンサの物性に特性が支配される．

半導体デバイスや集積回路の生産技術として開発された微細加工技術（マイクロマシニング）はフォトリソグラフィーや拡散，成膜技術を活用して微細な3次元形状の構造体やデバイスを大量生産してきた．その技術を拡張し，センサデバイスの生産への活用を実現することで，センサの生産に大きな革新をもたらした．

シリコンの物性を活用しているが，リソグラフィーは印刷技術に端を発しているから，同一形状のデバイスを大量に生産できる．リソグラフィーや拡散，成膜などの技術は，印刷と同様に複雑でも同一のものを多量に再現できる．構造型センサの特徴をセンサにもたせることを可能とし，かつ大量生産が可能なので，構造型センサと物性型センサ両方の特徴を併せもつセンサの大量生産を可能とした．その結果，小型のセンサデバイスはマイクロマシニング型が主流となった．

2.2　センサの出力信号

2.2.1　センサを出力信号で分類

センサはそれを応用したセンシングシステムの基本要素であるが，センサ技術の場合，検出対象の範囲が非常に広いため，体系化が容易ではない．対象で分類するのが常道だが，特に化学センサの場合には対象物質の数が多くて整理できない．

そこでセンサの出力信号で分類することに着目した．すなわち，エネルギーの出入りに注目すると話は簡単になる．たとえば2.1節に述べたように，出力信号に含まれるエネルギーはどこから来たか，対象からなのか，センサの電源からなのかで区別する．前者はエネルギー変換型，後者はエネルギー制御型と信号変換のプロセスで分類できる．

センサの出力信号がアナログ量であるか，ディジタル量であるかによって大別できる．対象がアナログ量であるから，信号変換やエネルギーの関係から出力もアナログ量が自然である．ディジタル量の場合は，ほとんどアナログ出力信号が変換された場合である．

アナログ信号であれば，出力信号は電圧あるいは電流の形をとるが，周波数出力のセンサもある．エネルギー変換型センサの場合は出力信号のレベルが低いので，増幅して電力レベルを増加させて伝送する．ディジタル信号であれば，出力信号の伝送の形態や経路にも注目したい．

出力信号の伝送が専用経路か，ほかのセンサと共用か．有線か無線かで，伝達の速さは変わる．有線で専用経路であれば，ほかのセンサ出力の影響を受けない．しかし，共用であれば，ほかのセンサ出力の影響を受けないような信号処理が必要である．無線伝送の場合は伝送経路が空間で，共用であるから，混信を防ぐ配慮が必要となる．

このようにセンサの出力でも，センサの原理や構造を切り分け，分類することができる．

2.2.2　センサの信号変換でも分類

前項で述べたように場の法則を利用したセンサは，構造や形状寸法が特性を左右するので構造型センサに分類される．物性法則を利用するセンサは形状や寸法よりは，材料が特性を左右するので，物性型センサに分類される．構造型は設計により優れた特性が得られるが，量産には適さない．一方，物性型は材料に特性が支配されるが，量産に向き，自動車や家電品に多数使用されている．

印刷技術をもとに微細加工技術が成長し，高精度のデバイスが量産可能になった．構造型と物性型の特徴を併せもつマイクロマシニング型センサの大量生産が可能になり，大きな革新となった．

一方，このタイプのセンサの生産には環境が管理された大規模な設備が必要になる．その結果，センサの開発や設計を行う組織と生産組織とが分離される傾向を生じた．

2.2.3　センサ出力信号の伝送

センサは情報を収集するのに最も適切な場所に設置される．その結果センサ情報を活用して制御を行うシステムとは離れた場所に設置される場合が多い．このような場合，出力信号の伝送が問題になる．信号の伝送経路にはノイズ源があるので，信号がノイズによる影響を受けにくいように信号を増幅してから伝送する．

プロセス工業におけるアナログ信号伝送においては，信号のレベルが国際的に統一されており，センサの測定範囲に対応して直流 4～20 mA である．信号量の上限と下限のレベルを統一しておくと，センサの種類にかかわらず受信側の計器は 1 種類に統一できる．また，ディジタル信号に変換するのも便利である（**図 2.6**）．ここで，統一レベル信号が 0 から始まらず 4 mA の値をもっている理由は二つある．

すなわち，伝送信号が 0 になったとき，直ちに伝送路につながるセンサ側に故障があることが受信側で検出できること，バイアスの 4 mA でセンサ出力信号の増幅器や信号処理回路からなる伝送器に電力を供給して，2 本の線のみで情報とエネルギーの両方を同時に送ることを可能にできるからである．

なお，センサの中に変化する周波数を出力信号とするものがある．速度や流量のように時間の次元を含む場合である．周波数はアナログ量だが，計数回路により簡単に数値化されて，ディジタル符号に変わる．また，位置や流量の積算値が必要なときは便利である．

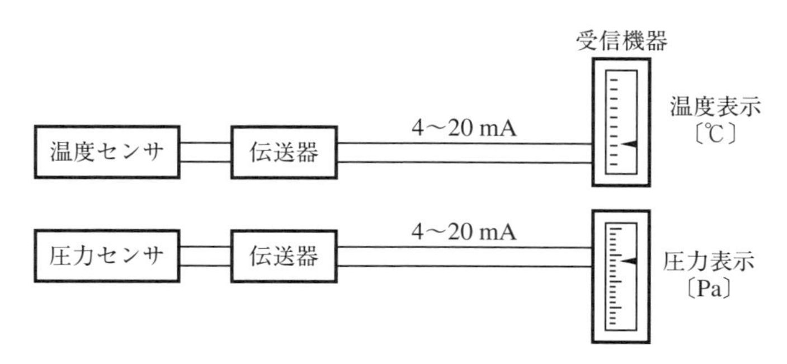

図 2.6　統一レベルアナログ信号による信号伝送

2.3　計測技術における信号変換

2.3.1　信号変換の連鎖

計測機器において，センサは計測対象からの情報の入口に当たる．計測機器では，センサ情報を加工して計測の目的を実現する処理を実行する．その過程で，信号変換が1段のみではなく，2段3段と別の量に順次変換される場合が多い．

変換の段数が少なければ構成が簡単になるが，必ずしも簡単な構成が優れているとは限らない．むしろ，安定な変換技術が確立した変換過程を重ねた方が，変換の段数が増えても総合的に優れていることが多い．

センサの出力信号が，前に述べたように電圧，電流，周波数の3種類の電気信号に限られているのは，これらが正確に測定する手段が整備されているためである．これら3種類の電気量に変換される物理量で，安定で，正確な信号変換方式が確立されると，その方式が基本的な標準方式と呼ばれる構成の定石となる．その結果，検出対象の量を標準となっている物理量に一度変換し，さらに電気量に再変換するという連鎖をたどることになる．

連鎖の一例を**図2.7**に示す化学センサであるガス濃度センサで説明しよう．

その変換過程は次のようになる．

① 混合ガスの熱伝導度は組成や濃度により変化する．電流で加熱した金属線の周囲に混合ガスを導くと，成分や濃度により金属線の冷却状態が変化し，金属線の温度が変化する．

② 金属線の電気抵抗値と温度との間には一定の関係があるので，温度が抵抗値に変換される．

③ 電気抵抗の変化はホイートストンブリッジにより電圧変化に変換される．

この信号変換の連鎖をエネルギー変換の立場でみると，熱エネルギーを介して，ガスの濃度を電気エネルギーに変換していることになる．この熱エネルギーはブリッジ回路の電源から電力として供給されている．

なお，図2.7において，対象が空気中に含まれるのガス濃度の場合，組成が既知であるガスを基準ガスとして対象ガスを含まない空気をセルBに入れてお

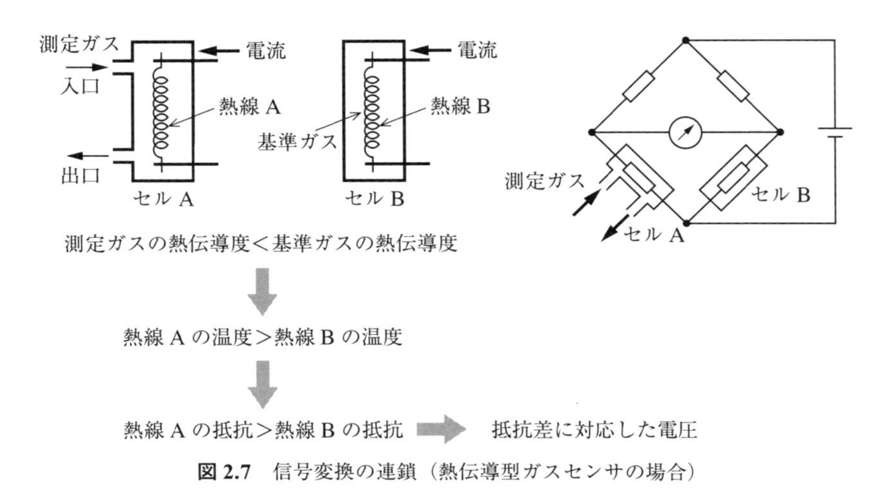

図 2.7　信号変換の連鎖（熱伝導型ガスセンサの場合）

く．あるいは対象となるガス 100% で満たすこともできる．それによりブリッジ回路の周囲の温度の変化が影響するのが防げる．

2.3.2　信号変換の定石

図 2.7 において，③の変換は確立された定石の一つである．②の変換において電流による加熱を無視できる程度に電流値を下げると，ガス温度を電気量に変換する定石の手法になる．

それでは，どのような手法が信号変換の定石となるだろうか．

第 1 に挙げられる性質は変換の安定性である．そのためには，具体的な変換を実現するツールとなるデバイスや機器が容易に得られることだ．金属線の抵抗と温度との関係は比抵抗の温度係数，温度が 1℃変化したときの抵抗の変化率で支配される．抵抗の温度係数は金属の純度を上げると増加し，材料固有の値に近づく．したがって，純粋な金属線が入手可能でなければならない．

第 2 に必要な性質は変換過程が入力と出力以外の要素の影響を受けにくいことである．②，③の変換過程で出力に影響する量はブリッジ電源の電圧と周囲の温度変化である．ブリッジ電源電圧は定電圧化することが容易であるが，周囲の温度変化は抑えるのが容易ではないので，セル A とセル B の構造を同一として後述の差動構造を実現し，周囲温度への影響をおさえる．

ここに示したように変換の正確さを損なうような変数がないこと，あるいは，そのような変数があっても，その変化を抑える手段が実現できることなどが定石となる条件である．

2.3.3　信号の選択性と変換の不確かさ

同じ物理現象，同一の動作原理を信号変換に利用したセンサにおいて，A の製品は不確かさが少なく，安定であるが，B の製品は劣ることがある．それは多くの場合，設計の良否に帰せられるが，その差を左右するのは信号変換の選択性である．

ここで，変換の不確かさについて述べる．かつて出力の変化や偏りは**誤差**と呼ばれた．誤差の定義は「誤差＝出力値－真の値」であった．しかし，実際にはつきつめて考えると，真の値は分からないし，求められない値である．真の値がわからなければ，誤差もわからないという矛盾につき当たる．そこで，誤差の代わりに**不確かさ**を導入した．影響量により，あるいは設計により，不確かさが増えるという表現は自然である．

また，センサによるセンシングや計測は情報を得ることで，対象の不確かさを減らす行為と考えられる．矛盾をもたらす真の値を使わないで計測結果の評価や比較ができる．

変換されたセンサの出力信号が，対象以外の量，たとえば周囲の温度や構成する材料の組成，設計の差などにより影響を受けることがある．本来の入力信号以外で出力信号を変化させる量を**影響量**という．影響が皆無であるか，無視できる程度であれば，不確かさの少ない信号変換が実現できる．そのために出力が入力信号のみに選択的に対応し，ほかの量の影響を抑圧あるいは除去する優れた選択機能が必要である．選択機能は設計段階や生産段階で作りこまれている．いかにして選択性を実現するか，詳しくは個々のセンサの説明においても述べるが，センサ全般に共通する一般的な事項を説明しておく．

①　構造型センサにおいては，空間的な対称構造とし，信号を対称構造の 2 入力に反対称に加えて，2 入力の変換結果の差を取り出す．影響量は対称に加わるので，出力側の差をとることでお互いに打ち消される．

②　物性型センサにおいては，材料の純度や加工処理を管理して，影響量を

除くか，影響量単独の出力への影響を定量化して減算して補償することで除く．

③　センサの感度や機能を損なわないで，影響量のみを遮断する機能を追加する．

以上の3項目は選択性を高める一種の定石である．

①の実例としてはホイートストンブリッジや後述する図4.4で示す差動容量型変位センサがあげられる．②の例としては半導体センサにおける材料設計や温度補償などが該当する．③の実例として後の第7章で述べる半導体温度センサや光センサにおいて，雰囲気や環境による劣化やごみの付着を避けるための保護管の使用，表面のコーティングが行われる．化学センサの場合は対象に直接接触しなければならないので，③の手段がとれない．

2.4　計測機器における信号変換

2.4.1　計測機器の基本的機能

計測機器とは計測を実行するために構成された機器あるいはシステムである．その計測対象量が複合量であったり，規模が大きいときは**計測システム**と呼ばれる．計測機器やシステムにおいては，種々の異なる機能をもつ要素や部品が目的を達成するために，有機的かつ合理的に役割を分担して総合的に機能するシステムを構成する．システムは属性である全体性と階層性とをもち，個々の要素は上位の機能に基づいてそれぞれの下位の機能が定められ，部分の単なる集合では実現できない機能が実現されるように部品や要素が合理的に組織されたシステムである．

「計測」は対象の不確かさを減らし，定量的に記述することと規定されているが，その下位の概念である「測定」はより具体的にその機能を定義している．測定とは，「ある量を，基準として用いる量と比較し，数値または符号を用いて量を表すこと」とされている（JIS Z 8103）．

したがって，機器で測定を実現するには，基準量保持，比較，数値あるいは符号化，表示などの機能が必要である．対象量を検出した後，基準と直接比較

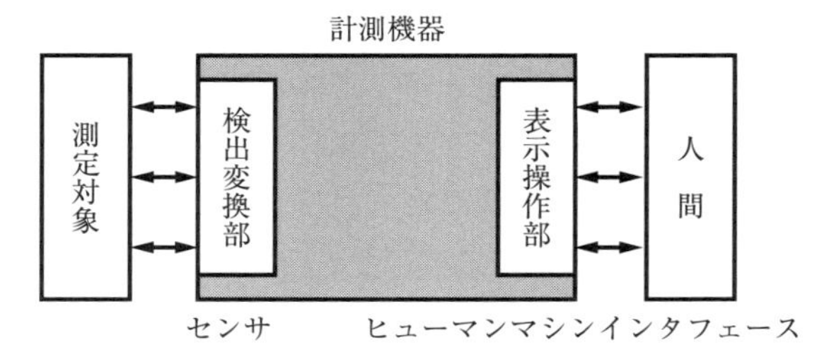

図 2.8　機器と外部とのインタフェース

することは稀で，基準の保持しやすい手段，比較しやすい手段に合わせて対象量を導入し，検出変換する機能が必要である．

検出変換するセンサの機能を機器と測定対象とをつなぐインタフェースとする．機器の使用者である人間の意思を機器に伝達し，測定結果を人間に伝達する，すなわち，操作や結果の表示を行う人間と機器との間の情報交流のインタフェース（human machine interface）も必要である．これらのインタフェースの機能を**図 2.8** に示す．この機能を前述の基本的機能に加えると，

①　検出変換部
②　基準保持部
③　比較部
④　数値化符号化部
⑤　表示操作部

などの機能を実現するサブシステムの集合組織として**図 2.9**（a）のように計測機器を表現できる．なお，基準保持部は計測機器のローカルな基準量，あるいは校正の量的関係が保持されている部分である．具体例は後述する．信号選択については 2.5.1 項で詳しく述べる．

①～⑤の機能を具体的な機器で示したのが図 2.9 であって，ここでは熱電対をセンサに使用した熱電温度計を例示した．

図（b）は古典的な構成で，熱電対の熱起電力を直流増幅器で増幅し，その出力を直流電流計でアナログ表示させる．この構成で基準を保持しているのは，指示計の目盛りである．温度に対応した起電力は増幅され，電流計を振らせるが，指針の復元トルクと電流の駆動トルクとが平衡する点で指針が停止す

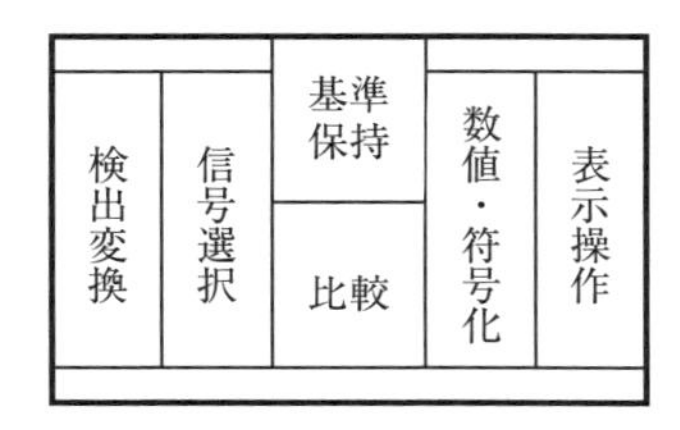

(a) 機能集合体としての機器

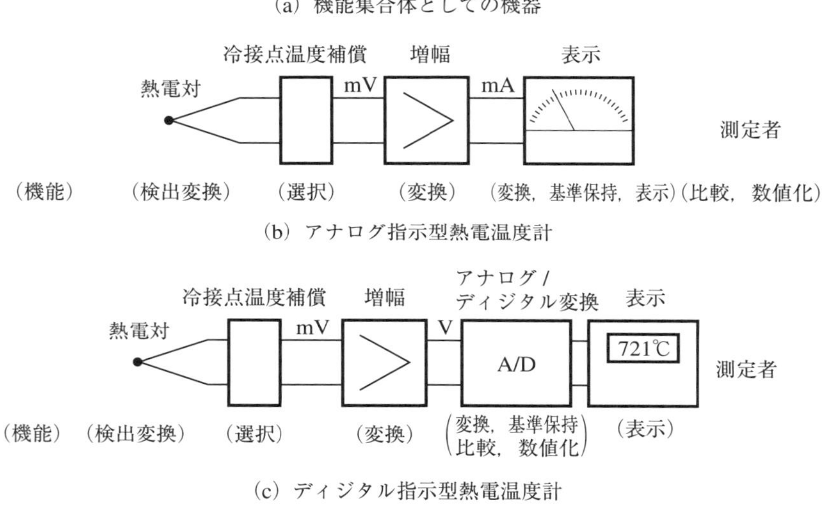

(b) アナログ指示型熱電温度計

(c) ディジタル指示型熱電温度計

図 2.9　計測機器の基本的機能

る．それから指針の位置と目盛りとの相対関係を人間が読み取り，数値化する．

図 (c) の温度計はセンサから直流増幅器までの構成は共通であるが，増幅器の出力をアナログ・ディジタル（A/D）変換回路でディジタル符号に変換されて結果が数値で表示される．この場合基準は A/D 変換回路の内部に基準の直流電圧として保持されている．比較，数値化は変換回路内で実行される．

図 (b) (c) の構成を比較するとアナログからディジタル表示に変わっただけでなく，計測結果を読み取る機能が人間から機器に大きく移っており，処理や操作が自動化されていることが分かる．

2.4.2　信号変換の特性評価

センサの性能は，入力信号と出力信号との対応関係で評価される．いかなる場合においても入力と出力とが1対1に対応していることが望ましいが，現実にはそのような理想的な特性を実現できない．そこで，入力が時間的に変化しない場合の静特性と，時間的に変化している場合の動特性にわけて評価する．

2.4.3　静特性

いま，入力信号をx，出力信号をyで表すと

$$y = f(x)$$

の形となるが，$x = 0$のとき，yは必ずしも0にならない．そこで，入力信号がxのときと$x + \Delta x$場合の出力の差Δyで

$$\Delta y = \frac{dy}{dx} \Delta x = k(x) \tag{2.1}$$

で表される．もし，$k(x)$が一定値であれば，ΔxとΔyとが比例するので，ΔyからΔxを求めるのにxの値を知る必要がないので便利である．

そこで，多くのセンサでは入出力が比例するように構成される．

(a)　検出範囲と感度

入力xが大きくなっても，式 (2.1) が成り立つ，あるいは$k(x)$が一定であることが望ましいが，実際にはxが大きくなると$k(x)$が一定でなく，小さくなる傾向がみられる．それがセンサの検出範囲を規定する．

逆にΔxが小さくなると，Δyも小さくなるが，もはやΔyが変化しなくなるΔxが存在する．このΔxを**感度の限界**という．このようにセンサの信号変換には最大限度と最小限度とが存在するので，その間が使用範囲であって，センサや計測機器の設計にあたっては，目的とする入力の範囲がセンサの使用範囲に入るように留意する．

(b)　直線性

多くのセンサは入力と出力の間に比例関係が成り立つように設計される．しかし，厳密にいえば，検出範囲の中でも比例関係が成立しない．原理的には比例関係が成立しても，実際の機器やデバイスでは，設計の意図がその通り実現しないために直線性からのずれが生じる．そのずれは大きなものではなく，通常無視できる程度であるが，直線性を阻害する要因を認識しておいたほうがよい．

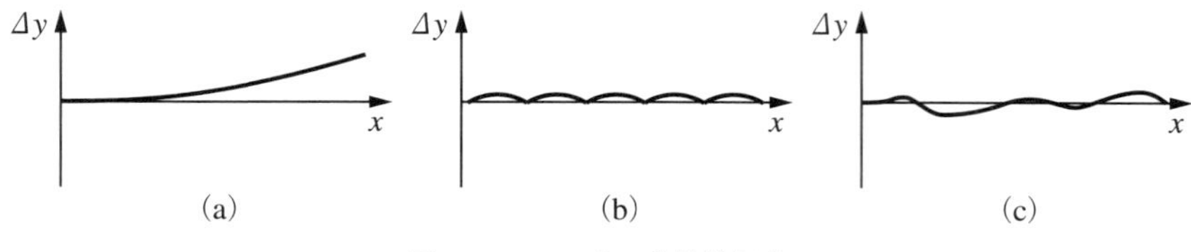

図 2.10　センサの直線性偏差

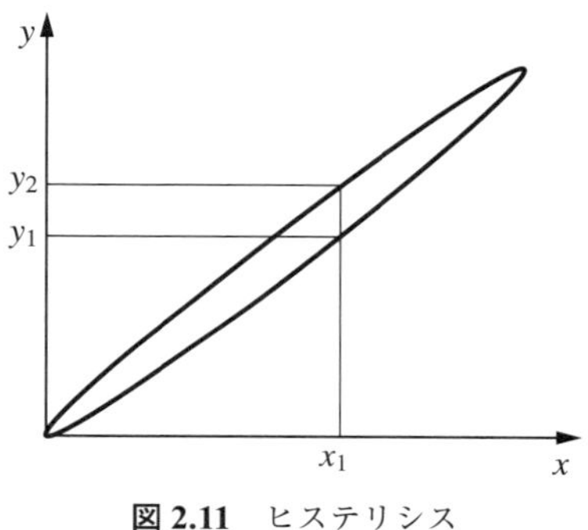

図 2.11　ヒステリシス

入力の大きさと直線性の偏差とを**図 2.10** に示す．

図 (a) は偏差に規則性があり，x の増加とともに増加する場合である．Δy が x の一次式ではなく，x の高次の項が含まれているのを，x の小さな範囲で高次の項の影響を無視している場合である．

図 (b) は偏差に周期性が見られる場合で，x の一定間隔ごとに折れ線近似や数値補償を実施した結果，直線性が改善された特性である．

図 (c) は偏差に規則性が見られない場合で，部品やデバイスの製作工程に何らかの欠陥があるような場合である．

(c) ヒステリシス

入力 x を増加しつつある値に到達したときの出力 y と，x を減少しつつ同じ値に近づけたときの y の値が異なる現象を**ヒステリシス**という．それを図示したのが**図 2.11** である．材料により現れるが，特に磁性体ではヒステリシスが顕著である．また，変換動作に滑りがある場合，静摩擦が動摩擦より大きいためにヒステリシスを生じることがある．信号変換の入出力関係が 1 対 1 ではなくなるので，望ましくない．

図の y_1 と y_2 の差がヒステリシスの大きさを表すが，x の変化範囲を変えるとヒステリシスの大きさが変化することがある．

2.4.4　動特性

センサの信号変換は入力の変化があれば，直ちに出力が対応することが望ましい．しかし，実際には変化が早いと出力が追従できず遅れを生じる．入力変化に対する出力の変化を応答というが，信号変換にとっては重要な特性である．実際に応答の遅れがどのように生じるのだろうか．その原因は，信号変換を実行する現象に熱の移動や電荷の移動，あるいは質量をもつ物体の変位などが伴うために遅れを生ずる．たとえば，温度センサでは対象に接触して対象と等しい温度になるまでの時間が熱伝導による応答遅れである．

動特性の表現は過渡応答と周波数応答とに大別される．

(a)　過渡応答

入力が階段状に変化したときに出力が時間的にどのように応答するかを示すのが**過渡応答**である．

代表的な 1 次遅れ系の過渡応答を示す．系は**図 2.12** に示す回路で，電源電圧 E がスイッチ S をオンにした瞬間に抵抗 R を通してキャパシタ C を充電する系である．この系は E を温度センサの計測対象の温度，R をセンサの熱抵抗，C をセンサの熱容量に変更すると，温度センサを対象に接触したときのセンサ温度が V_c に相当する．R を流れた電流がそのまま C を充電するとすれば

$$C\frac{dV_c}{dt}-\frac{E-V_c}{R}=0 \tag{2.2}$$

$t=0$ において $V_c=0$ の初期条件で式（2.2）の解は式（2.3）となる．

$$V_c=E\left(1-e^{-\frac{t}{CR}}\right) \tag{2.3}$$

V_c は時間とともに E に近づくが，応答に時間遅れがある．それを支配するのは e の指数に含まれる CR である．$CR=T$ は時間の次元をもち，**時定数**と呼ばれる．ステップ応答は t が T に等しいときには V_c が最終値の 63.2% で，最終値の 95% を超えるのには時定数の 3 倍を要する（**図 2.13** 参照）．式（2.3）は電流を熱の流れで置き換えても成立し，V_c が温度の過渡応答を表す．

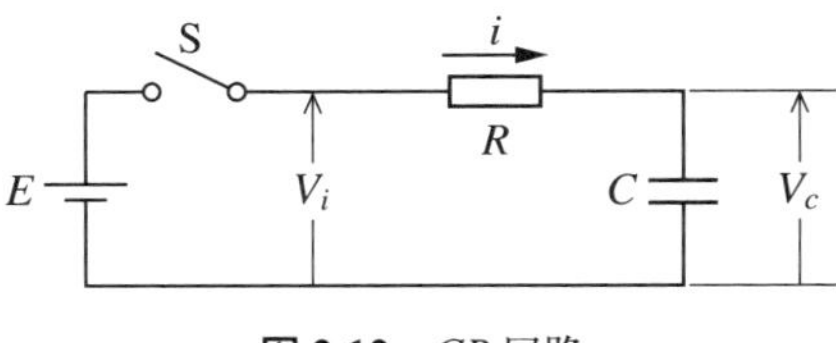

図 2.12　CR 回路

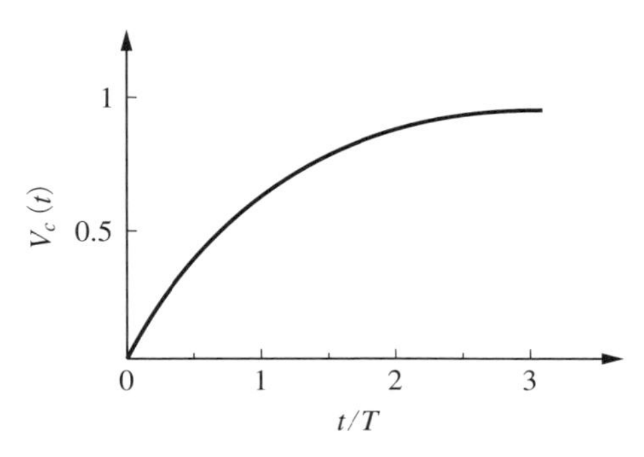

図 2.13　1次系のステップ応答

過渡応答に遅れが生じるのは，信号変換の過程においてキャパシタのようにエネルギーを蓄積する要素があり，また，エネルギーの移動を妨げる抵抗要素が存在するためである．

(b) 周波数応答

入力が一定振幅の正弦波信号であるときの，信号変換系の応答において，信号の周波数を変化させた場合の系の出力を**周波数応答**という．入力の振幅は信号変換系の直線性が成り立つ正常な動作範囲を越えないことが重要で，振幅が過大であると，前に述べた出力が飽和したり，ヒステリシスの影響が顕著になり，特性の評価はできない．

周波数応答と過渡応答とは**ラプラス変換**という数学的操作で結びつけることができる．同変換については，詳細は専門書に譲り，骨子のみ述べる．

過渡応答は時間を変数とする関数で表されるが，周波数応答は複素数 s を変数とする関数に変換される．

$$F(s)=\int_{-\infty}^{\infty} f(t)\,e^{-st}dt=\mathcal{L}[f(t)] \tag{2.4}$$

$$f(t)=\frac{1}{2\pi}\int_{-\infty}^{\infty} F(s)\,e^{st}ds=\mathcal{L}^{-1}[F(s)] \tag{2.5}$$

式 (2.4) をラプラス変換といい，$\mathcal{L}[\cdot]$ で表す．式 (2.5) をラプラス逆変換といい，$\mathcal{L}^{-1}[\cdot]$ で表す．ラプラス変換の重要な性質として次の微積分の性質をあげておく．

$$\mathcal{L}\left[\frac{dy}{dt}\right]=sF(s) \tag{2.6}$$

$$\mathcal{L}\left[\int f(t)\,dt\right] = \frac{F(s)}{s} \tag{2.7}$$

上の性質を使って過渡応答を求めた図 2.12 の系に関する微分方程式（2.2）は次のように変形できる．

$$(1 + CRs)\,V_c(s) = E(s)$$

$$\frac{V_c(s)}{E(s)} = G(s) = \frac{1}{1 + CRs} = \frac{1}{1 + Ts} \tag{2.8}$$

式（2.8）の $V_c(s)/E(s) = G(s)$ は入力と出力のラプラス変換の比である．これを一次遅れ系の**伝達関数**という．また，式（2.8）において $s = j\omega$（ただし $j = \sqrt{-1}$）とおくと，ω を角周波数（$= 2\pi f$）として周波数応答が**図 2.14** のように求められる．

$$G(j\omega) = \frac{1}{1 + j\omega T} \tag{2.9}$$

式（2.9）は複素数であるから，絶対値と偏角 φ はそれぞれ式（2.10）で表される．

$$|G(j\omega)| = \frac{1}{\sqrt{1 + \omega^2 T^2}}$$

$$\varphi = \tan^{-1} \omega T \tag{2.10}$$

$|G(j\omega)|$ が利得，偏角 φ が入力と出力の位相差を示す．

図 2.14 は横軸が時定数 T で無次元化された周波数で，縦軸は周波数出力の

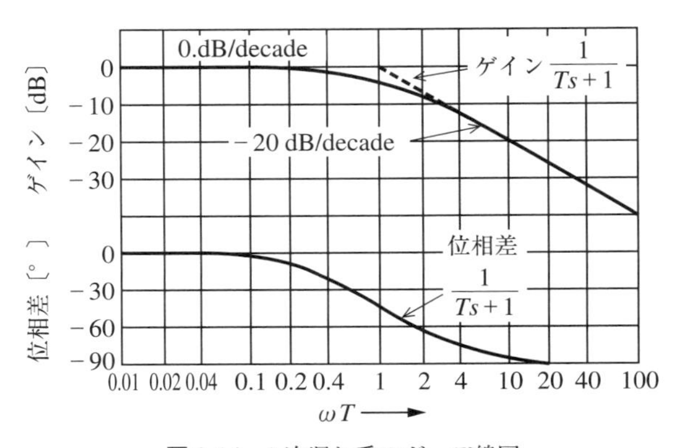

図 2.14　1 次遅れ系のボーデ線図

ゲイン（利得）を dB で表したものと位相差を角度で表示したものである．

利得は低周波数領域では，1 であるから 0 dB，位相差は 0° であるが，$\omega T = 1$ の周波数で利得が約 0.7（-3 dB）に低下する．それ以上の周波数で周波数が 10 倍になると，利得が 1/10 になる傾斜で，逆比例して単調に下がる．位相差は $\omega T = 1$ の周波数で 45° の遅れとなり，周波数が増加するに応じて位相遅れが増加して 90° に近づく．

多くのセンサの動特性は 1 次遅れ，あるいはそれで近似できる特性を示す．伝達関数のパラメータが特性の特徴を示し，$\omega = 1/T$ の角周波数は折れ点周波数と呼ばれ，1 次遅れ系の応答の特徴を表している．

2.5 信号変換の質を高めるしくみ

2.5.1 信号の選択性と構造

信号とノイズである影響量とが，どのような経路で導入され，それが出力にどれだけ影響するかが，あらかじめわかっていれば，影響量の作用の過程と信号の出力に対する作用との相違を利用して両者を分離できる．分離するための特徴は信号や影響量が通る経路や，構造や部品配置などの特徴を利用して信号とノイズを分離する方式であり，**補償構造**と**差動構造**とが代表的である．それぞれの特性や特徴を定量的に説明する[3]．

（1）補償構造

対象の計測量だけでなく，ノイズである影響量についても，それぞれの出力に対する寄与が定量化されるか，それらのモデルが確立されていれば，影響量を測定し，その出力の中に含まれている影響量の寄与分を打ち消すことができる．これを**補償**という．もっとも多いのは温度補償である．温度はあらゆる状態に広く影響を及ぼすからだ．補償の構造を図示したのが**図 2.15** である．

計測量を m，影響量を n，m と n とが同時に作用したときの出力を $F(m, n)$ としよう．いま，影響量単独の寄与が数式モデルで表現され，$f(n)$ のように定式化されていれば

$$F(m, n) - f(n) \tag{2.11}$$

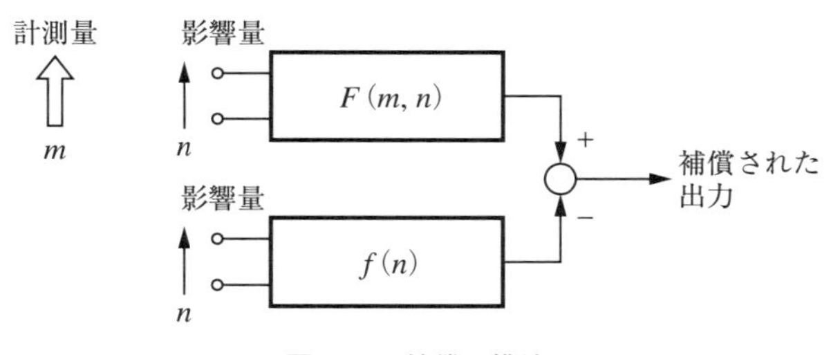

図 2.15　補償の構造

によりノイズの影響を打ち消すことができる．打ち消す形は減算ばかりでなく除算の場合もある．ノイズ n の影響が定式化されてなくても，影響について再現性がある数値データがあれば，関係を表にしてディジタル処理によって数値で補償することも可能である．

いま，式（2.11）の補償の効果を定量化するため，m, n のそれぞれ小さな変化 Δm, Δn を考える．以下の展開式において Δm, Δn の 2 次の項まで考慮する．

$$F(m+\Delta m, n+\Delta n)-f(n+\Delta n) \approx F(m, n)+\frac{\partial F}{\partial m}\Delta m+\frac{\partial F}{\partial n}\Delta n$$
$$+\frac{1}{2}\left[\frac{\partial^2 F}{\partial m^2}(\Delta m)^2+2\frac{\partial^2 F}{\partial m \partial n}(\Delta m \Delta n)+\frac{\partial^2 F}{\partial n^2}(\Delta n)^2\right]-f(n)-\frac{\partial f}{\partial n}\Delta n$$
$$-\frac{1}{2}\left(\frac{\partial^2 f}{\partial n^2}\right)(\Delta n)^2 \tag{2.12}$$

いま，n のみが Δn だけ変化する範囲において，関数 f が次の条件式（2.13）

$$\left.\begin{aligned} f(n) &= F(m, n) \\ \frac{\partial f}{\partial n} &= \frac{\partial F}{\partial n} \\ \frac{\partial^2 f}{\partial n^2} &= \frac{\partial^2 F}{\partial n^2} \end{aligned}\right\} \tag{2.13}$$

を満たせば，式（2.14）が成り立つ．

$$F(m+\Delta m, n+\Delta n)-f(n+\Delta n)$$
$$=\frac{\partial F}{\partial m}\Delta m+\frac{1}{2}\frac{\partial^2 F}{\partial m^2}(\Delta m)^2+\frac{\partial^2 F}{\partial m \partial n}(\Delta m \Delta n) \tag{2.14}$$

すなわち，影響量の変化 Δn は打ち消されて出力に現れない．しかし，$(\Delta m \Delta n)$ に比例する項が残る．それは影響量と計測量との間に相互作用が存在する場合で，補償は完全ではない．

もし，$F(m, n)$ が m のみの関数 $F_1(m)$ および n のみの関数 $F_2(n)$ の1次結合で，次式 (2.15) で表される場合は

$$F(m, n) = k_1 F_1(m) + k_2 F_2(m) \qquad \text{ただし，} k_1,\ k_2 \text{は定数} \tag{2.15}$$

$$\frac{\partial^2 F}{\partial m \partial n} = 0$$

であるので，補償が完全に行われる．この場合でも n の変化範囲において式 (2.13) の関係が正確に成り立つことが補償の正確さを左右する．

（2）差動構造

前と同様に計測量を m，影響量を n とする．差動構造は m と n の作用の相違と対称性とを利用した巧みな構造で，影響量の作用を打ち消す．m と n とが作用する二つの要素 F と $\bar{F}$ を空間的に対称構造になるように配置し，計測量 m を反対称に作用させ，影響量 n を対称に作用させる．そして二つの変換要素の出力の差を求める．**図 2.16** に構造を示す．

一方の変換要素を $F(m, n)$，他方の要素を $\bar{F}(m, n)$ としよう．いま，計測変数 m と影響量 n が両者に作用したときの出力の差をとるので

$$y = F(m, n) - \bar{F}(m, n) \tag{2.16}$$

m と n との小さな変化 Δm, Δn に対して補償構造の場合と同様に差動構造の効果を示すと，同様に Δm, Δn の2次の項までとって式 (2.17) が成立する．

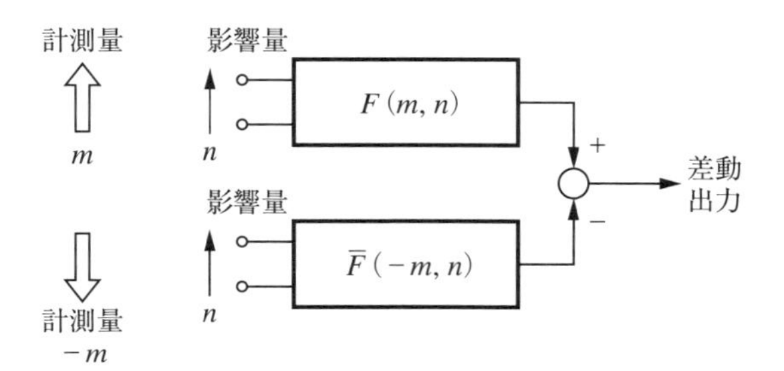

図 2.16　差動の構造

$$
\begin{aligned}
y &= F(m+\Delta m, n+\Delta n) - \bar{F}(m-\Delta m, n+\Delta n) \\
&= F(m, n) - \bar{F}(m, n) + \frac{\partial F}{\partial m}\Delta m + \frac{\partial F}{\partial n}\Delta n + \frac{1}{2}\frac{\partial^2 F}{\partial m^2}(\Delta m)^2 \\
&\quad + \frac{\partial^2 F}{\partial m \partial n}(\Delta m \Delta n) + \frac{1}{2}\frac{\partial^2 F}{\partial n^2}(\Delta n)^2 - \frac{\partial \bar{F}}{\partial m}(-\Delta m) - \frac{\partial \bar{F}}{\partial n}\Delta n \\
&\quad - \frac{1}{2}\frac{\partial^2 \bar{F}}{\partial m^2}(-\Delta m)^2 - \frac{\partial^2 \bar{F}}{\partial m \partial n}(-\Delta m \Delta n) - \frac{1}{2}\frac{\partial^2 \bar{F}}{\partial n^2}(\Delta n)^2
\end{aligned}
\tag{2.17}
$$

ここで，$\bar{F}(m, n)$ は補償構造の f に対応する関数であるが，Δm が反対称に作用する点が異なる．対称性のために m，n の変域において

$$
\left.
\begin{aligned}
&F(m, n) = \bar{F}(m, n) \\
&\frac{\partial F}{\partial n} = \frac{\partial \bar{F}}{\partial n} \\
&\frac{\partial^2 F}{\partial n^2} = \frac{\partial^2 \bar{F}}{\partial n^2}
\end{aligned}
\right\}
\tag{2.18}
$$

が成立するから

$$
y = 2\frac{\partial F}{\partial m}(\Delta m) + 2\frac{\partial^2 F}{\partial m \partial n}(\Delta m \Delta n) \tag{2.19}
$$

上式から Δm の 2 次の項まで消えて，入力と出力の直線性が改善されることがわかる．しかし，m と n との相互作用を表す

$$
\frac{\partial^2 F}{\partial m \partial n}(\Delta m \Delta n)
$$

の項は残る．これを消すためには $F(m, n)$ と $\bar{F}(m, n)$ が式 (2.18) の条件を満足しなければならない．また，対称性が完全であれば n の影響が打ち消されて，m の出力は 2 倍になる．

対称構造による差動方式は信号変換や計測機器の世界において非常に多く使われている．補償構造に比べて差動構造が優れているのは，対称性により式 (2.18) の条件を正確に成立させるのが容易であり，構造的に影響量を押さえ込むことが容易であるためである．

対称構造による差動法の実例は正確な計測を実現する機器に多く見られ，影響量に妨げられないで正確な計測を実現する標準的な構造となっている．

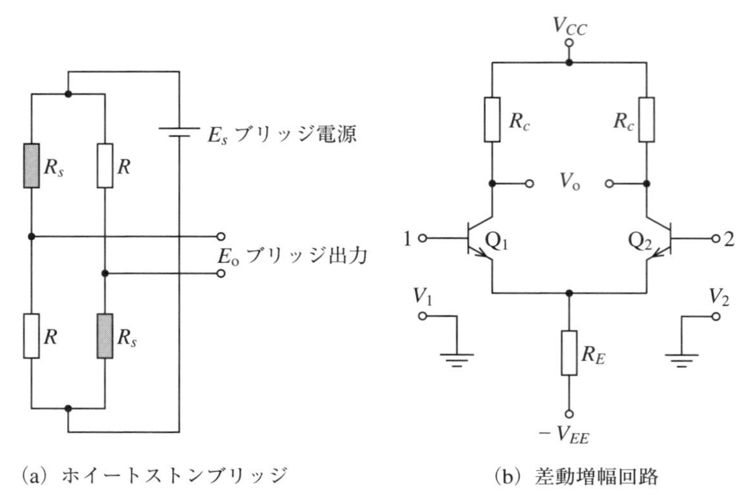

(a) ホイートストンブリッジ　　(b) 差動増幅回路

図 2.17　対称構造による差動法

実例は**図 2.17** に示すホイートストンブリッジや差動増幅回路などに見ることができる．ホイートストンブリッジの場合，R と R_s の変化はブリッジ出力に反対称に作用するが，ブリッジ電源の電圧変化や温度変化は対称に作用するので，その影響が出力に影響しない．差動増幅回路の場合も同様で，入力端子1に加わる信号電圧 V_1 の影響と入力端子2に加わる信号電圧 V_2 の影響とは出力に対して反対称に作用する．しかし，増幅回路の電源電圧 V_{CC}，V_{EE} などの変動や増幅素子 Q_1，Q_2 に作用する温度の影響は対称に作用するので出力に影響しない．

2.5.2　動的な選択構造

信号とノイズの動的な特性，あるいは両者の時間領域，周波数領域における特性の差異を利用して，両者を信号処理によって分離する手法がある．これを**動的信号選択構造**と呼ぶことにする．信号とノイズの差を浮かび上がらせるかは，時間的に変化する信号を時間領域あるいは周波数領域における表現を示すことで，信号とノイズの動的な特徴を明らかにする．次にそれぞれの領域における表現とそれを利用した信号処理手法について述べる．

2.5.3　信号の動的な表現

我々が信号やノイズを直接観測するときは，時間を横軸にとり，信号やノイズの大きさを縦軸とした 2 次元的表現で観測する．これを**波形**という．波形が周期性をもつ場合は**周期信号**（periodical signal）あるいは**周期的ノイズ**（periodical noise）と呼ばれる．波形により，信号やノイズがもつ特徴，すなわち時間的な経過や変動，あるいは周期などを直観的に把握できる．これを時間領域における表現という．周期が明確になると，その発生源が明確になる．たとえば 50 Hz あるいは 60 Hz であれば，商用周波の交流が侵入していることがわかる．

周期信号において信号のパワーが周波数に対してどのように配分されているかを記述すると，信号の別の形の動的な特徴が明らかになる．

波形に全く周期性がない場合を**不規則信号**（random signal）と呼び，それは不規則という性質が特徴となる．時間領域と周波数領域における信号の表現

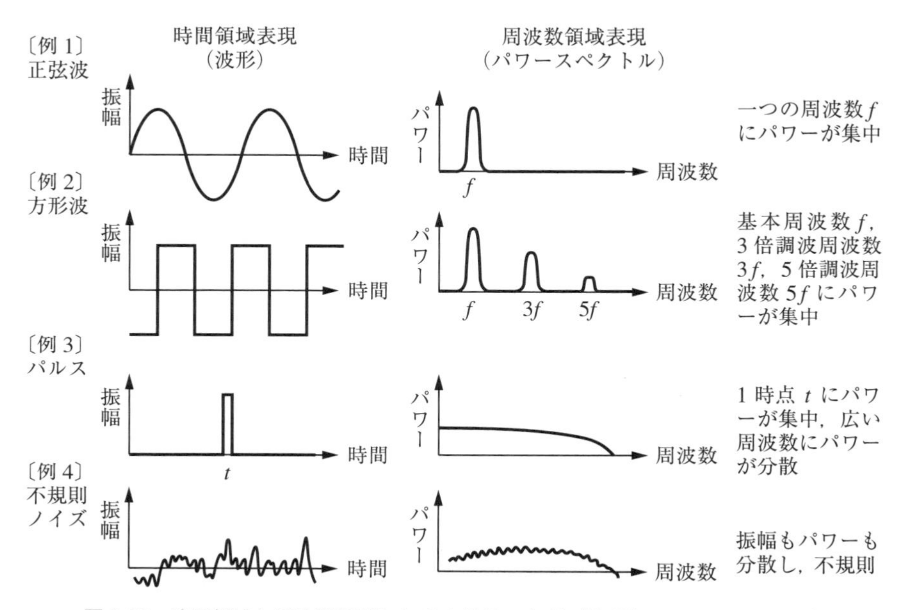

図 2.18　時間領域と周波数領域における信号の表現（波形とパワースペクトル）

を単純な信号を例に**図 2.18** に示す．このように動的な特徴を明確化できる．

2.5.4　時間領域における信号選択

(1) データの平滑化——時間平均と移動平均

時間領域表現において信号とノイズに差異があれば，それを利用して両者を分離できる．計測対象に短い時間間隔における変動がないにもかかわらず，観測された波形が不規則な短時間変動を含む場合はノイズによる変動と見なして，それを除く．すなわち，具体的には観測データの**時間平均**あるいは**移動平均**を求める．時間平均 X_a は次式で表される．

$$X_a = \lim_{T\to\infty} \frac{1}{T} \int_0^T x(t)\,dt \tag{2.20}$$

時間平均をとる時間 T を大きくとれば信号の変化分まで平均化されてしまい，信号が本来もっている情報が失われるので注意が必要である．

移動平均 $y(i)$ は，入力データを n 個の離散値 $x(i)$（ただし，$i = 1, 2, ..., n$）

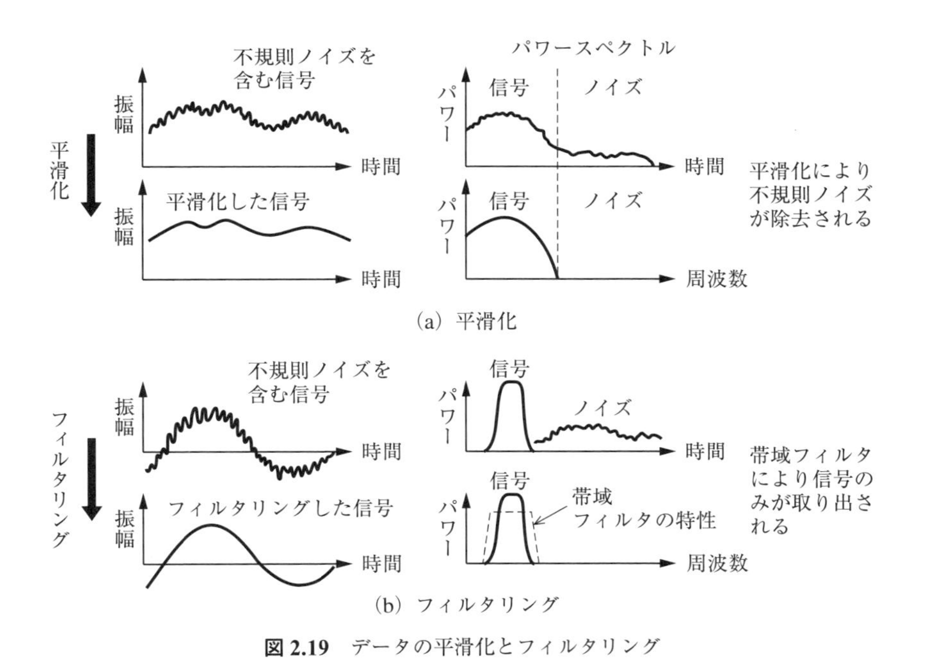

図 2.19　データの平滑化とフィルタリング

で表し，$N = 2m + 1$ 個の離散値からなる重み関数 $w(j)$（ただし，$j = -m, ..., -1, 0, 1, ..., m$）を用いて次式（2.21）で平均値が求められる．

$$y(i) = \frac{1}{W} \sum_{j=-m}^{m} w(j) \cdot x(i+j) \qquad (i = 1+m, 2+m, ..., n-m) \tag{2.21}$$

ただし，$W = \sum_{j=-mj}^{m} W(j)$

W は正規化のための重み係数である．移動平均法では重み関数の形を選ぶことにより特性が変化する．同じ重みをかける場合を**単純移動平均**という．

時間平均あるいは移動平均法はノイズが不規則で，その時間平均値が 0 である場合に有効である．この処理を**データの平滑化**（smoothing）と呼び，**図 2.19** に示す．

(2) 周期性の抽出——相関関数

時間で変化する信号 $x(t)$ が時間 τ だけ後の時刻における値 $x(t+\tau)$ とどれだけ相関があるかを示す次の表現を**自己相関関数**（auto-correlation function）という．

自己相関関数が関数としてどのような特徴を表すかを理解するために次の周期 $2T$ をもつ余弦関数の和を考える．

$$\varphi_{xx}(\tau) = \lim_{T \to \infty} \frac{1}{2T} \int_{-T}^{T} x(t) x(t+\tau) dt \tag{2.22}$$

$$x(t) = \sum_{n=1}^{\infty} c_n \cos(n\omega_0 t + \theta_n) \tag{2.23}$$

ただし，周期 $= 2T_0$，$\omega_0 = 2\pi/2T_0$ とする．この場合

$$\varphi_{xx}(\tau) = \lim_{T \to \infty} \frac{1}{2T} \int_{-T}^{T} x(t) x(t+\tau) dt = \frac{1}{2T_0} \int_{-T_0}^{T_0} x(t) x(t+\tau) dt \tag{2.24}$$

$$\varphi_{xx}(\tau) = \sum_{n=1}^{\infty} \frac{c_n{}^2}{2} \cos n\omega_0 t \tag{2.25}$$

周期性をもつ関数であれば，自己相関関数（2.25）は各周波数成分のパワーに比例する量 $c_n{}^2$ を含むが，位相に関する情報は失われる．また，周期性がなく不規則な関数であれば，$\tau = 0$ にピークをもち，$\tau = 0$ の前後で急激に減衰する．

同様に次の関数（2.26）は $x(t)$ と別の関数 $y(t)$ の時間 τ だけ後の値との

間に，どの程度の相関があるかを示すので**相互相関関数**（cross-correlation function）という．

$$\varphi_{xy}(\tau)=\lim_{T\to\infty}\frac{1}{2T}\int_{-T}^{T}x(t)\,y(t+\tau)\,dt \tag{2.26}$$

いずれも，信号が周期性をもつか，どのような周期が顕著であるかがわかる．

（3） 時間領域における信号の選択技術――同期加算法

信号に周期性があり，その周期があらかじめわかっていて，ノイズは不規則で周期性がない場合にはその性質を利用して信号を増強できる．それは**同期加算**と呼ばれる手法である．**図 2.20** に示すように周期が既知の信号において，その周期か周期の整数倍の時間長に信号を切り出して加算する．図のように周期をもつ信号成分は位相が揃うので，加算により増強される．一方，不規則なノイズは加算しても位相が揃わないので増強されない．加算される信号の回数を N とすると信号成分は N 倍になるが，ノイズは信号と無関係であるので $\sqrt{N}$ 倍にしかならない．したがって，N 回の加算により S/N 比が $\sqrt{N}$ 倍改善される．

同期加算法は信号の自己相関関数の性質を利用する．不規則なノイズは自己相関関数が $\tau=0$ 付近を除けば値をもたないが，周期信号は自己相関関数が周期的な値をもつから増強される．ノイズのなかにほとんど埋もれた信号でも，周期がわかっていれば同期加算法によって，多数回の加算により信号を増強し

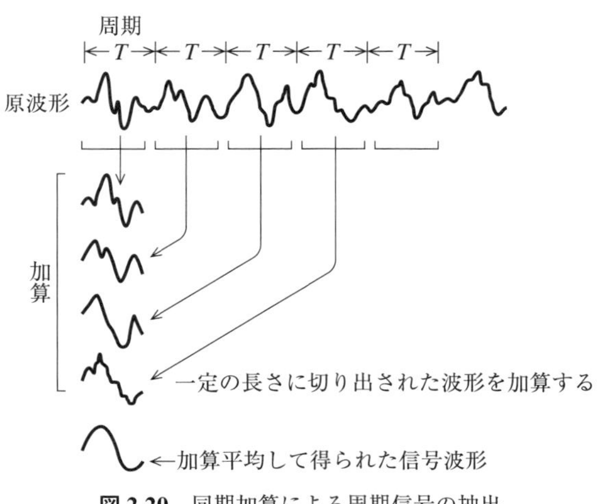

図 2.20　同期加算による周期信号の抽出

検出できる．

2.5.5 周波数領域における表現

信号とノイズとが関係する周波数領域において，両者の特徴やモデルの表現に差があれば，その差異を利用して両者を分離できる．センシング技術のなかの信号選択手法としてさまざまな手法が使われるが，信号やノイズについて，その周波数領域における表現と特性について理解する必要がある．

信号やノイズに長時間にわたる変動や複数の周期が含まれているときには，波形を観測しても特徴を把握することが容易ではない．周波数領域における特徴を把握するための表現法を示す．

（1） フーリエ級数

時間的に変化する関数 $f(t)$ はフーリエ級数，式（2.27）に展開できる．

$$f(t) = \frac{a_0}{2} + \sum_{n=1}^{\infty} a_n \cos nt + \sum_{n=1}^{\infty} b_n \sin nt \tag{2.27}$$

ただし

$$a_n = \left(\frac{1}{\pi}\right) \int_{-\pi}^{\pi} f(t) \cos nt dt, \qquad b_n = \left(\frac{1}{\pi}\right) \int_{-\pi}^{\pi} f(t) \sin nt dt \tag{2.28}$$

式（2.27）に示すように時間で変化する関数は複数の角周波数成分をもつ三角関数の和で記述できる．そして，級数の係数 a_n，b_n をフーリエ係数と呼ぶ．それらはどの周波数成分が多いかを表している．

（2） フーリエ変換

時間領域で記述される関数 $f(t)$ はフーリエ変換により角周波数領域 ω の表現式（2.29）に変換される．

$$F(j\omega) = \int_{-\infty}^{\infty} f(t) e^{-j\omega t} dt \tag{2.29}$$

また，角周波数領域から時間領域への**フーリエ逆変換**は式（2.30）で記述される．

$$f(t) = \frac{1}{2\pi} \int_{-\infty}^{\infty} F(j\omega) e^{j\omega t} d\omega \tag{2.30}$$

ただし，$j = \sqrt{-1}$

$F(j\omega)$ は信号あるいはノイズが周波数領域でどのような周波数成分が大きいか，それがいかなる変化をするかの特徴を示す．たとえば，信号がどのような周波数成分をもち，ノイズがどのような周波数特性をもつか，ある周波数で $F(j\omega)$ がピークをもてば，その周波数のパワーが大きいことになり，$F(j\omega)$ が平坦であれば，特定の周波数ではなく，すべての周波数にパワーが広く分散された特定の周期成分をもたない不規則なランダムノイズであることがわかる．

周波数を変数としてパワーの周波数に対する分布を表したものを**パワースペクトル**（power spectrum）という．図 2.18 や図 2.19 に示したように信号やノイズが周期性をもてば，パワースペクトルにおいてピークが観測され，複数の周期をもつ場合には複数のピークが見られる．パワースペクトルにより信号とノイズとが周波数領域においてどのような関係があるか，両者の関係や特徴が明確になる．

2.5.6　フーリエ変換がもたらす意味

式（2.29）で示されるフーリエ変換を施すと，時間関数 $f(t)$ がどうなるか簡

表 2.1　フーリエ変換例

$f(t)$	$F(j\omega)$
$e^{-\beta t^2}$, $\beta>0$	$\sqrt{\dfrac{\pi}{\beta}}\, e^{-\omega^2/4\beta}$
$e^{-\beta\|t\|}$, $\beta>0$	$\dfrac{2\beta}{\beta^2+\omega^2}$
$\dfrac{1}{t^2+\beta^2}$, $\beta>0$	$\dfrac{\pi}{\beta} e^{-\beta\|\omega\|}$
$x(t)=\begin{cases}1, & -\dfrac{\beta}{2}\leq t\leq\dfrac{\beta}{2}\\ 0, & t<-\dfrac{\beta}{2},\ t>\dfrac{\beta}{2}\end{cases}$	$\beta\dfrac{\sin\left(\dfrac{\beta\omega}{2}\right)}{\left(\dfrac{\beta\omega}{2}\right)}$
$\dfrac{\sin\beta t}{\beta t}$	$X(j\omega)=\begin{cases}\dfrac{\pi}{\beta}, & -\beta\leq\omega\leq\beta\\ 0, & \omega<-\beta,\ \omega>\beta\end{cases}$
$\delta(t)$	1

単な例を**表 2.1** に示す．

表中の $\delta(t)$ はインパルスの数式表現で，$t=0$ において高さは無限大，幅は無限小で面積は 1 である．そのフーリエ変換は 1 である．すべての周波数成分を含み，その位相が $t=0$ に揃っている．

2.5.7　データのサンプリング

マイクロプロセッサをはじめとするコンピュータ技術の進歩と普及により，センシングにより収集されたデータの処理はディジタル信号に変換され，ディジタル処理が実行される．センサの出力信号は大部分アナログデータであるから，ディジタル処理を行うためにはディジタル信号に変換しなければならない．また，ディジタル信号は符号であるから，コンピュータによる処理のためだけでなく，データの伝送や記憶にも便利である．

ただし，データをディジタル信号に変化するためには，サンプリングという操作が必要で，連続的なアナログデータが離散的なディジタル信号に変換されなければならない．サンプリングされたデータが元のデータの情報をすべて伝えるかを示すのが**サンプリング定理**である．**図 2.21** にサンプリング操作を示す．

アナログデータが時間的に変化する $x(t)$ で示されるとき，高さが一定で周期 T_s をもつパルス列を乗じることで，周期 T_s をもつパルス列で大きさが $x(t)$ に比例する離散的なパルス列となる．これがサンプリングである．アナログデータとサンプリングされたデータを周波数領域で示したのが**図 2.22** である．

図 2.22 (a) はアナログデータの周波数領域表現である．サンプリングパルス列の周波数領域表現は図 2.21 (c) に示した $\omega_s = 2\pi/T_s$ の間隔で並ぶパルス列となる．図 2.22 (b) はサンプリングされたデータの角周波数領域での形状を示したもので，アナログデータのパワースペクトルが ω_s の間隔で並ぶ．

アナログデータが角周波数 ω_k 以下に周波数帯域が制限されているとき，サンプリング角周波数を ω_k の 2 倍以上に選べば，サンプリングデータから元のデータが完全に再現できることをサンプリング定理が主張する．その状況を周波数領域で示したのが図 (b) である．図 (c) はサンプリング角周波数が ω_k の 2 倍以下である場合で，信号のスペクトルの一部が重なり，サンプリングデー

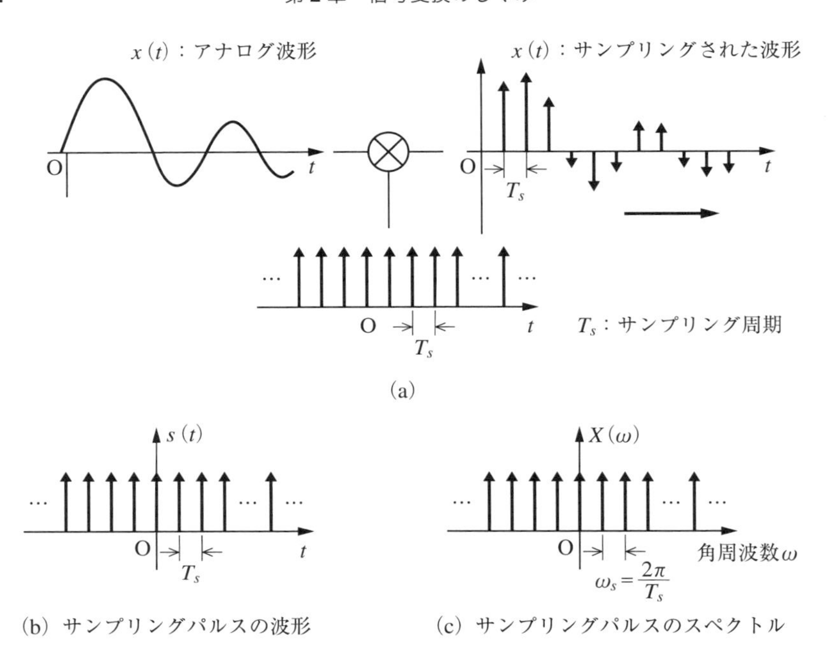

(b) サンプリングパルスの波形　(c) サンプリングパルスのスペクトル

図 2.21　サンプル化

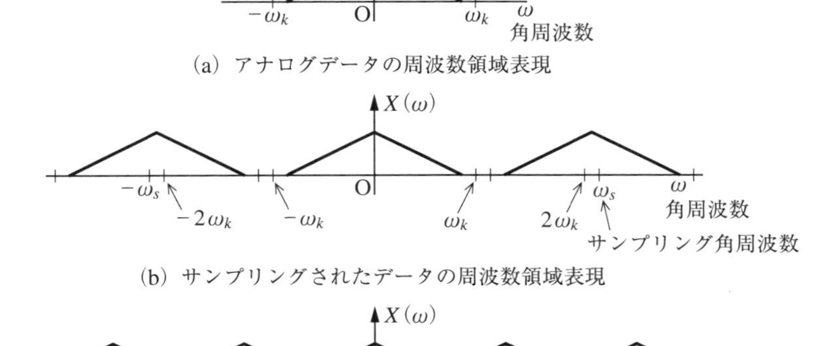

(c) サンプリングパルス周波数がω_kの2倍以下である場合

図 2.22　原信号とサンプリングされた信号のスペクトル

タから元のデータを再現できない．すなわち，データの情報がサンプリングにより一部失われていることを示す．このような状況をエーリアシングと呼び，サンプリングでは避けなければならない．

2.5.8　パワースペクトルと自己相関関数との関係

式（2.31），（2.32）に示すように自己相関関数のフーリエ変換はパワースペクトル $\Phi_{xx}(j\omega)$ であり，パワースペクトルのフーリエ逆変換が自己相関関数 $\Phi_{xx}(\tau)$ である．

$$\Phi_{xx}(j\omega)=\int_{-\infty}^{\infty}\varphi_{xx}(\tau)\,e^{-j\omega\tau}d\tau \tag{2.31}$$

$$\varphi_{xx}(\tau)=\frac{1}{2\pi}\int_{-\infty}^{\infty}\Phi_{xx}(j\omega)\,e^{j\omega\tau}d\omega \tag{2.32}$$

上式の関係は，**ウイーナー・ヒンチンの定理**（Wiener-Khintchine's theorem）と呼ばれる．また，このようにフーリエ変換で結ばれ，時間領域と周波数領域における特徴を関係づける関係を**フーリエ変換対**という．

〈 第 2 章で学んだこと 〉

第 2 章では信号変換のしくみを学んだ．センサ信号の情報とエネルギーとの関係やセンサの出力でセンサの種類を整理できることを知った．さらにセンシング情報の質を高めるための手法の特に信号処理技術の基礎を学んだ．

練習問題

問 2.1　微分方程式（2.2）を解け．ただし，$t<0$ において $V_c=0$，$t\geq 0$ で $V_c=E$ とする．

問 2.2　微分方程式（2.2）を解け．ただし，$t<0$ において $V_c=E$，$t\geq 0$ で $E=0$ とする．

問 2.3　センサの分類は入力ではなく，出力に着目したほうがよい理由を挙げよ．

問 2.4　示強変量と示容変量の違いについて例を挙げて示せ.

問 2.5　エネルギー変換型センサとエネルギー制御型センサの違いについて例を挙げて述べよ.

問 2.6　受動型センシングと能動型センシングの相違について例を挙げて示せ.

問 2.7　構造型センサと物性型センサの利害得失を述べよ.

第3章　量の定義と標準

1メートル，1キログラムはどのように定義されるのか．量の標準はどのように定められるのか．標準は不変でなければならない．人工物の標準はセンシング技術の進歩でわずかな変化が検知されて定義が変わり，物理定数で定義される形に落着した．量を扱うセンサにとって，最も基本的で興味のある問題である．センシングの成果は残る不確かさで評価される．

3.1　量の定義

センサの対象となる量は物理学や化学で定義される．定義に従い，量の標準である単位が決まる．これらは世界中がかかわる共通事項であるから，国際度量衡委員会で議論され，提案される．各国は個々に承認して国内で実施する．

メートル法の制定時に，長さの定義はすべての国に共通である地球とした．その子午線に沿って赤道から北極までの長さの1 000万分の1を1 mと決めた．実際は，子午線に沿ってフランスのダンケルクからスペインのバルセロナまでの距離を測量し，それをもとに定めたメートル原器で1 mが定義された．その後，環境の変化の影響で長さが変わる原器に代わって，クリプトンが発する光のスペクトルの波長をもとにした標準となった．アポロ11号の宇宙飛行士たちが月面に据え付けた反射鏡に向けて，地上からパルス状のレーザ光を発射し，その光パルスが地球と月とを往復する時間から月までの距離（約38万km）をわずか15 cmの不確かさで測定できることが実証された．その事実がきっかけとなり，真空中の光の速度が不変であることを頼りにし，原子周波数標準の時間標準から一定時間に光が進む距離として1 mが定義された．不変であるとされる物理定数を信頼して最も安定な時間標準から長さを導く方式に変わったのである（**表3.1**参照）．

表 3.1 長さ標準の変遷

長さの標準		背景となる技術
身近な自然物	地球子午線	測量技術
↓	↓	
安定な人工物	メートル原器	材料と精密加工
↓	↓	
安定な自然現象	^{86}Kr の光の彼長	分光と光計測
↓	↓	
不変の物理定数	光の速度	原子時計とレーザ

その時間の標準である単位も，最初はすべての国に共通な地球の自転の周期から定めた1秒であった．自転の周期には変動があるため，公転の周期に替わった．その後，はるかに正確で安定なセシウムの原子周波数標準が実現して時間の標準となった．

それに対して現在まで，質量はキログラム原器の質量と定義され，それが1 kgであった．しかし，長い間に原器の質量がわずかに変動することが発見された．そして2019年5月から物理定数のプランク定数をもとに定義されることになった．同時に物質量の単位モルは，アボガドロ定数で定義される．アボガドロ定数とプランク定数との間には密接な関係がある．さらに，電流の単位1アンペアは電子の電気素量で定義され，また，温度の単位1ケルビンはボルツマン定数で定義される．

以前に制定された時間や長さの定義と同様，物理学の体系に依存し，モノである原器を離れ，物理学を記述する物理定数の値を固定した数値に依存する形に移行した．量を定義する物理定数は，計測値であるから元来不確かさを含む．しかし，標準であるから定数を固定するため不確かさはない．

国際度量衡制度の**国際単位系 SI** を規定している7つの基本量の定義を**表 3.2** に示す．

3.2 校正とトレーサビリティ

計測機器や測定器は2章で述べたように，量の基準を器内に保持している．

表 3.2　SI の 7 つの基本量の定義

量	名　称	記　号	定　義
時　間	秒	s	秒はセシウム周波数 $\Delta\nu_{Cs}$ を 9 192 631 770 s^{-1} と定めるように定義する
長　さ	メートル	m	メートルは光の真空中の速さを 299 792 458 m s^{-1} と定めるように定義する
質　量	キログラム	kg	キログラムは，プランク定数 h を $6.626\,070\,15\times10^{-34}$ kg m^2 s^{-1} と定めるように定義する
電　流	アンペア	A	アンペアは電気素量 e を $1.602\,176\,634\times10^{-19}$ A s と定めるように定義する
温　度	ケルビン	K	ケルビンは，ボルツマン定数 k を $1.380\,649\times10^{-23}$ J k^{-1} と定めるように定義する
物質量	モル	mol	モルは，アボガドロ定数 N_A を 6.02214076×10^{23} mol^{-1} と定めるように定義する
光　度	カンデラ	cd	カンデラは周波数 540×10^{12} Hz の単色放射の視感効果度 k_{cd} を 683 cd sr kg^{-1} m^{-2} s^3 と定めるように定義する

その基準は対象となる量であるとは限らず，安定に保持しやすい長さ，直流電圧，抵抗などである．それらの値と変換した量との比較により数値化して計測値を表示している．しかし，量の基準が長い時間の間に変化していないか，信号変換の入出力関係が変化していないかを定期的に確認する必要がある．それが**校正**という操作である．また，機器が製作されたときには，表示する値が正しい値であるように，より不確かさの少ない基準と比較して校正される．それが初期校正である．機器は，校正前は再現性の高い装置であるが，校正によりその値が量の基準に準じた値として受け入れられ，機器に生命を吹き込まれると言ってよい．

校正は，対象となる量の代わりに，より精度の高い機器を標準機器として基準量を加えたり，標準物質などを加えて指示値が正しい値を示すかを確認する操作である．もし，指示値が正しい値と異なっていたら修正される．校正に使用した基準器は校正される機器より高い精度をもたねばならないが，その校正には，さらに精度の高い基準器が必要である．このようにして定められた不確かさの範囲で，より高位の基準器を介して国家標準と結びつくことが保証されるときに**トレーサビリティ**（traceability）が確立されたといい，指示値の根拠を国家標準までたどることができることを示す．これを**図 3.1** に示す．

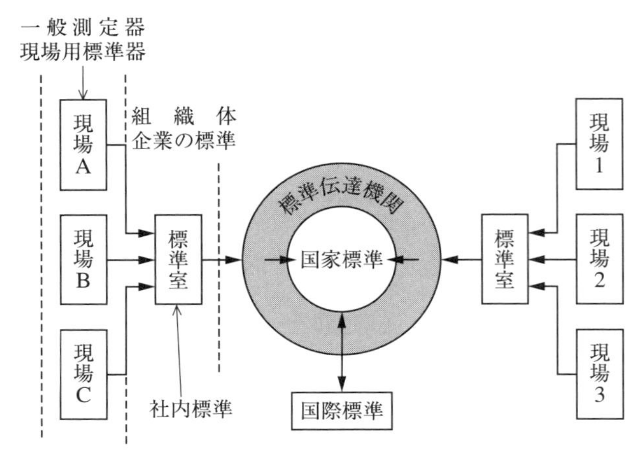

図 3.1　トレーサビリティシステム

国家標準から前記の経路を逆にたどると標準の供給体系になる．このように校正を介して計測機器が国家標準につながる体系は国家規模の計測システムになっており，センサなどの信号変換や信号処理がかかわる計測値の信頼性，精度，整合性が保証される．

計測対象によって，トレーサビリティが整備されている量とそうでないものとがある．これにより機器の設計が変わってくる．変化を許さない堅い構造にして，校正の回数を減らす手法をとるか，標準供給システムへの接近を重視して高頻度の校正により制度を維持するかの選択となる．一般に感度を重視してセンサを選択するときは校正の頻度を増やし，安定性を優先してセンサを選ぶ場合は変化を許さない堅い構造として校正回数を少なくする．

マイクロプロセッサの導入により，校正操作や内部状態の診断機能の自動化が実現したので，コストのかかる堅い構造より高頻度の内部校正に依存する手法が増加した．

3.3　誤差から不確かさへ

前述したように，計測値の評価として，かつては誤差が使用された．誤差は計測値と真の値との差で定義される．しかし，真の値は実際には知り得ない値であるため，誤差も知り得ないという矛盾につき当たる．その矛盾を解消するため**不確かさ**（uncertainty）が国際的に導入された．本書では，計測や測定の目的が対象に関する不確かさやあいまいさを減らす目的でセンシングを行うという立場であるから，精度の評価として得られた値に残る不確かさを使用する．

不確かさには2種類の不確かさがある．Aタイプと B タイプである．

Aタイプの不確かさはランダムな影響による要因による不確かさで，一連の計測値の統計的解析により得られる成分である．B タイプの不確かさはそれ以外の系統的な要因に基づく不確かさで，系統的に求められる成分である．

Aタイプの不確かさは同一の計測対象の一連の繰返し計測値 x_i（$i = 1, 2, ..., n$）について分散 s^2 を式（3.1）で求める．ただし，計測値の平均を x_m とする．

$$s^2 = \frac{1}{n-1}\sum_{i=1}^{n}(x_i - x_m)^2 \tag{3.1}$$

Aタイプの不確かさを表す分散 $u^2 = s^2$，同様に標準偏差は $u = s$ として得られる．これを**標準不確かさ**（standard uncertainty）ともいう．

Bタイプの不確かさは同一対象の繰返し計測から求めることができない．

不確かさを入手した情報をもとにした科学的判断により分散または標準偏差として推定する．入手する情報源として次のものがあげられる．

（1）以前の計測データ

（2）計測対象や機器に関する知識や経験

（3）機器の製造者の仕様

（4）校正証明書や成績に記載されたデータ

（5）引用した参考データの不確かさ

Bタイプの不確かさには対象のモデルの不確かさや機器がもつ指示値の偏りなどが含まれる．上述の情報源からデータの分布の形状について仮定できれば，その分布について分散や標準偏差を推定できる．データの分布の形状がわからなければ，確度範囲内の一様分布を仮定する．機器の校正データが得られれば，評価に使用できる．校正に使用した標準器の不確かさが明記されることが望ましい．

Aタイプと B タイプの不確かさが求められたら，両者を使用してその二乗和である**合成不確かさ**（combined standard uncertainty）を求める．計測値と合成不確かさが求められたら，計測値の存在する区間を表現する実用的な尺度として**拡張不確かさ**（expanded uncertainty）を求める．合成不確かさを u とするとき拡張不確かさ U は次式で求められる．

$$U = ku \tag{3.2}$$

k は両者を結びつける信頼の水準を表す係数で**包含係数**（coverage factor）と呼ばれる．k は2〜3で，2であれば，分布が正規分布の場合計測値が $\pm U$ の範囲に存在する信頼度が95%，3であれば，99%であるが，通常2が推奨されている．

不確かさの表示は次の例のようになる．

温度＝(60.5 ± 0.4)℃，ただし（包含係数）$k = 2$ である．

さらに不確かさの見積りをどのように行ったかを記録として残すことが情報の透明性を確保するために要請される．

実際に知り得ない真の値を引き合いに出すことなく，不確かさの減少により計測で得た情報量を評価し，残る不確かさで計測の成果を定量的に示すのが，誤差を使用するより自然でかつ合理的である．

第3章で学んだこと

センシングや計測においてデータの客観性を保証する量の定義や標準の決定，計測結果の評価として誤差に代わって導入された不確かさの基礎を学んだ．また，得られた計測値の正しさのルーツをたどるトレーサビリティについて学んだ．

練習問題

問 3.1　2019年5月から国際単位系SIの基本量の定義が変更され，物理定数の値をもとに量が定義された．変更の主な理由を挙げよ．

問 3.2　計測のトレーサビリティとは何を意味しているか．

問 3.3　計測結果の評価を誤差で行っていたのが不確かさに変更された．不確かさが誤差より優れる理由を挙げよ．

問 3.4　不確かさは，Aタイプと B タイプに分類される．両者の違いを述べよ．

第4章　力，圧力のセンサ

通常，力学から物理の学習が始まる．物理量の計測において，最も基本的な対象は力やトルクである．加えた力による微かな変形をインピーダンスの変化として検出，変換する．物体の質量の計測においても，作用する重力の変換や天秤に作用するトルクのバランスが利用される．さらに，加速度や振動の計測にも，この技術が応用される．

4.1　力，トルクセンサ

力の計測は，弾性体に力を加えたときの弾性変形にもとづく弾性力と加えた力とを平衡させて，変形による変位を計測して求める．力を弾性による変位に変換して変位を計測し，トルクは弾性体のねじれや変形に変換して計測する．

力やトルクを精密に計測するためには小さな変位や変形を計測しなければならない．微小な変位を拡大するには「梃子」が使われるが，作用点にはたらく反作用が大きくなるので限界がある．また，支点の微小な変動が出力に影響するのが問題である．変位を電気信号に変換して増幅すれば，「梃子」の限界が解消できる．

変位を電気信号に変換するためには，まず変位をインピーダンスの変化に変換し，そのインピーダンスの変化を利用して，電圧，電流などの出力信号とする．交流または直流の電源からインピーダンスに電力を供給し，その電力の一部が出力となるエネルギー制御型あるいは能動型センサの構成となる．

インピーダンスであるから，抵抗，キャパシタンス，インダクタンスの3種類の方式があるが，それぞれの方式の代表的例を以下に示す．

4.2　抵抗変換型ひずみセンサ

ストレインゲージあるいは**ひずみ計**と呼ばれるセンサは，微細な変位を抵抗の変化によって検出できる．材料として金属線を使用するものと，半導体を使うものとがある．

4.2.1　金属抵抗ひずみセンサ

金属線の抵抗 R は，長さ L，断面積 A，比抵抗 ρ により式 (4.1) で示される．

$$R = \frac{\rho L}{A} \tag{4.1}$$

いま，加えられた力により長さ方向に ΔL だけ伸びると，断面積が ΔA だけ縮少した結果として抵抗が ΔR 変化したとすれば

$$\frac{\Delta R}{R} = \frac{\Delta \rho}{\rho} + \frac{\Delta L}{L} - \frac{\Delta A}{A} \tag{4.2}$$

右辺第1項の $\Delta\rho/\rho$ は弾性変形による比抵抗の変化率であるが，金属の場合はほかの項と比べて無視できる．一方，伸びと直角方向の幅変化による断面積減少との間には**ポアッソン比** σ で定まる式 (4.3)，(4.4) の関係がある．

$$\frac{\Delta R}{R} = (1 + 2\sigma)\frac{\Delta L}{L} \tag{4.3}$$

$$\frac{\Delta A}{A} = -2\sigma\left(\frac{\Delta L}{L}\right) \tag{4.4}$$

したがって，ひずみ（$\Delta L/L$）と抵抗の変化率（$\Delta R/R$）との比はセンサ固有の感度で，**ゲージファクタ**という．金属の σ はほぼ0.3であるから，式 (4.3) では約1.6となるが，実際には2前後である．金属ストレインゲージには**図**

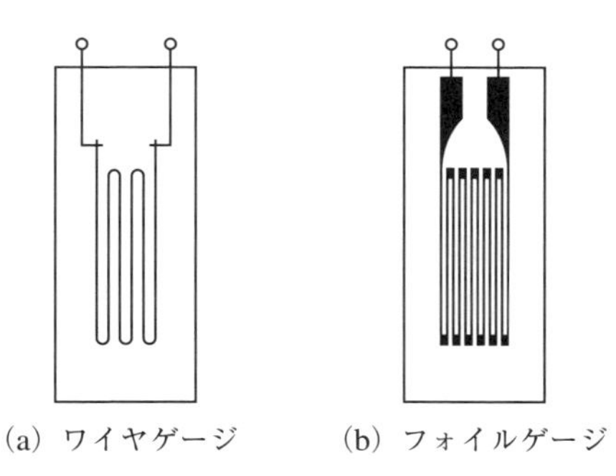

図 4.1　金属抵抗ひずみセンサ

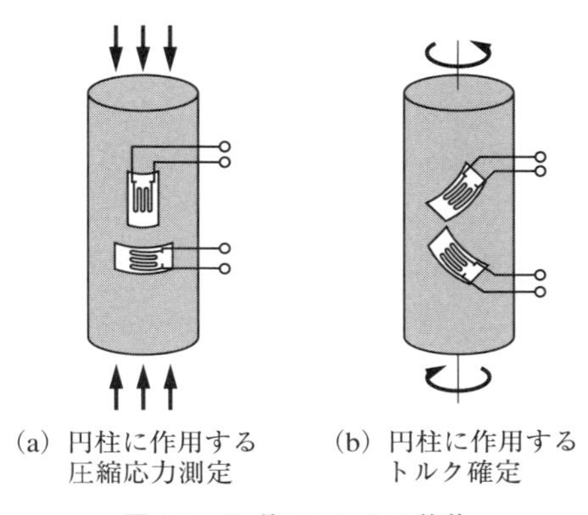

(a) 円柱に作用する圧縮応力測定　(b) 円柱に作用するトルク確定

図 4.2　ひずみセンサの装着

4.1 に示すように細い金属線をベースとなるプラスチックフィルムや紙に貼りつけたものと，線の代わりに箔を貼りつけたフォイルゲージとがある．

抵抗線に使用される金属材料は，抵抗値が安定で，抵抗の温度係数が小さいことが必要である．通常，アドバンスと呼ばれる材料（Cu；54%，Ni；46%）や Ni-Cr 系の合金が使われる．

図 4.2 (a) は円柱に作用する力を，(b) はトルクを計測するときの装着法を示す．

4.2.2　半導体抵抗ひずみセンサ

半導体抵抗ひずみセンサは金属抵抗線の代わりにシリコン半導体の抵抗を利用したもので，金属に比べて感度が高いのが特徴である．半導体の場合は式 (4.2) における変形による比抵抗の変化（$\Delta\rho/\rho$）が大きく，それが支配的となる．比抵抗の変化とひずみとの間に式 (4.5) の関係があるので，式 (4.2) は式 (4.6) となる．

$$\frac{\Delta\rho}{\rho} = \pi E \frac{\Delta L}{L} \tag{4.5}$$

$$\frac{\Delta R}{R} = \frac{\Delta\rho}{\rho} + (1 + 2\sigma)\frac{\Delta L}{L} = (\pi E + 1 + 2\sigma)\frac{\Delta L}{L} \tag{4.6}$$

ただし，E：ひずみと応力との関係を示す**ヤング率**と呼ばれる弾性係数，

π：**ピエゾ抵抗係数**と呼ばれる比抵抗変化率と応力との関係を示す比例定数

π および E はシリコンの場合，結晶軸方向によって異なるが，πE が 50～120 程度にもなる．そのため，ほかの項の影響は πE に比べると無視できる程度となり，πE がゲージファクタを左右するので，半導体ひずみセンサは金属ひずみセンサに比べて感度が大きい．しかし，変換原理が物性形であるため温度の影響が大きいので，ブリッジ回路に組み込み回路の対称性を利用した差動構造とすることで温度の影響を抑制する．

半導体ひずみセンサの特徴が発揮されるのは圧力センサである．圧力により変形する薄板状のダイアフラムをシリコンで作り，その表面の一部に不純物を拡散してひずみセンサとする．この方法はシリコンによる集積回路（IC）を製作する工程とほぼ同様であるので，超小形の圧力センサが多量生産される．**図 4.3** はその構造の一例を示す．

下側はエッチングにより n 型シリコンを溶解しダイアフラムを残して圧力受感部を構成する．上側から部分的に 4 か所 III 族の不純物を拡散して強制的に p 型に転換し，その部分をストレインゲージとする．4 個の拡散ストレインゲージは蒸着金属膜で接続されて**ホイートストーンブリッジ**を構成する．同一のシリコン基板上に温度補償用の温度センサ，ブリッジの電源，増幅回路などを構成した集積型センサも作られる．特徴は，ダイアフラムの上にひずみセンサを取り付ける代わりに，その一部を n 型から p 型に変えてひずみセンサとする構造である．

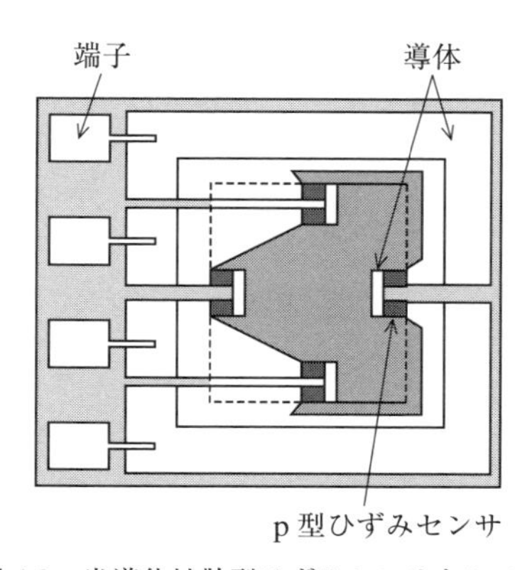

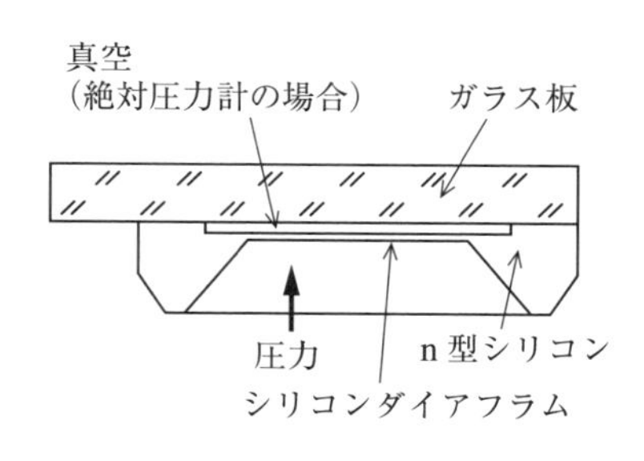

図 4.3　半導体拡散型ひずみセンサをシリコンダイアフラムの感圧膜上に作製した圧力センサ

4.3　容量型変位センサ

平行平板コンデンサの容量を C〔F〕，電極の面積を A〔m^2〕，電極間の距離を d〔m〕とすると，容量 C は式 (4.7) で示される．

$$C = \frac{\varepsilon_0 \varepsilon A}{d} \tag{4.7}$$

ただし，ε_0：真空中の誘電率で 8.8541×10^{-12} F/m，ε：電極間の絶縁物の比誘電率（空気中では 1）

変位を C の変化に変換するには距離 d を変えるか，電極を電極面に平行に動かして電極の実効対向面積 A を変える．回転変位の変換にはこの方式が適している．

図 4.4 に容量変換型変位センサの構造を示した．図 (b) は差動容量型である．3 枚の電極が中央の鎖線に関して対称構造であり，中央の電極が x だけ変位すると，一方の容量が増加し，他方が減少する．差動容量は図 (c) に示す変成器ブリッジ回路に接続され，コンダクタンス G には容量差に比例した電流が流れる．ブリッジもまた対称な構造である．これらの対称性により入力 x 以外の変動，たとえば，電極の x 方向以外の変位，ブリッジの電源電圧変動などの影響が効果的に抑圧される．

容量式は構造型センサで，材質の物性が影響しないため安定な特性を実現し

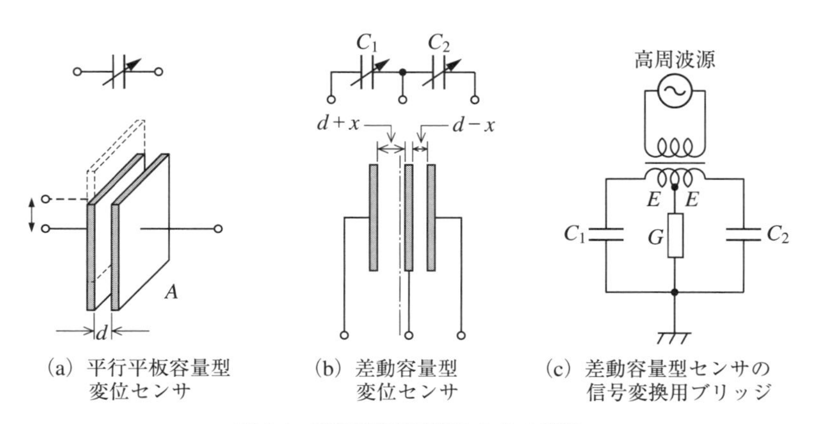

(a) 平行平板容量型変位センサ　(b) 差動容量型変位センサ　(c) 差動容量型センサの信号変換用ブリッジ

図 4.4　容量変換型変位センサの構造

やすい．また，対称性を利用した差動構造も外乱を遮断し，安定性向上に大きく貢献する．

前項で述べたようにエッチングでシリコンのダイアフラムを作り，その上に金属電極を蒸着してこれを可動電極とすると，固定電極との間で可変容量型の圧力センサとなる．超小形のセンサが実現できる上に，抵抗変換型より温度変化に対して安定である．材料に半導体を使用するが，信号変換原理が構造型のためである．

4.4　誘導型変位センサ

誘導型変位センサは強磁性体の鉄心（コア）にコイルを巻いた構造で，磁路に可変の隙間がある．**図4.5**（a）に原理を示す．図（a）の点線に沿って，磁路の磁気抵抗 R_m を考えると，式（4.8）で与えられる．

$$R_m = \frac{l}{\mu S} + \frac{2d}{\mu_0 S} \tag{4.8}$$

図（a）のインダクタンスを L とすると，L は（l/R_m）に比例するので，隙間 d の変化がインダクタンス L の変化から求められる．ただし，μ，μ_0 はコアおよび空気の透磁率，l はコアに沿った磁路の長さ，S はコアの断面積，d がコアとコアとの隙間の長さである．

隙間 d を電気信号に変換するセンサの別の構造を図（b）および（c）に示す．これらは差動容量型と同様な対称構造で，可動コアと静止コアとの間隔が変化

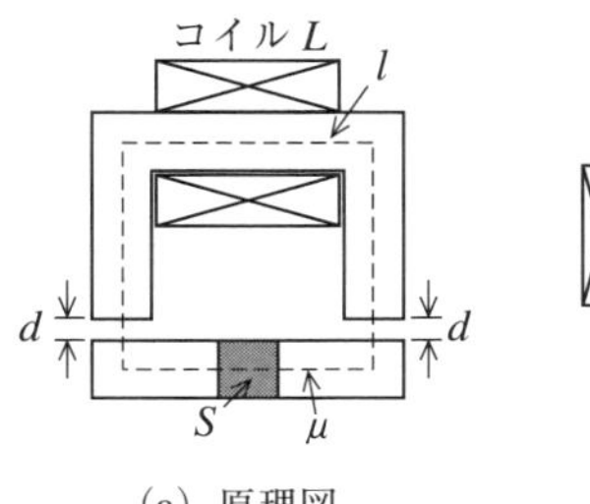

（a）原理図

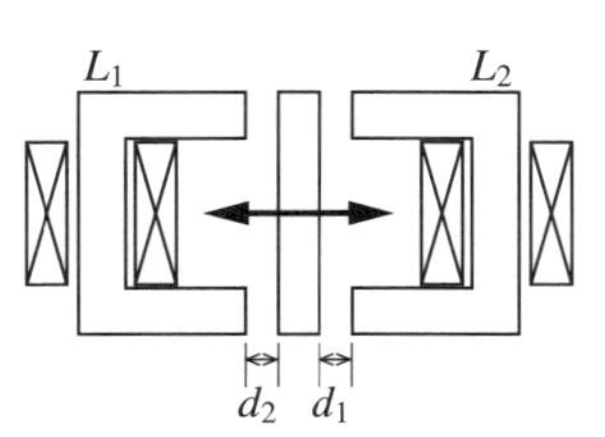

（b）差動インダクタンス型直線変位センサ

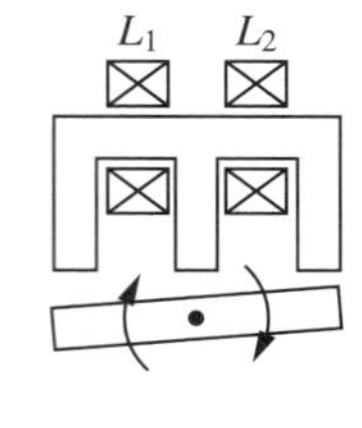

（c）差動インダクタンス型回転変位センサ

図4.5　インダクタンス型変位センサ

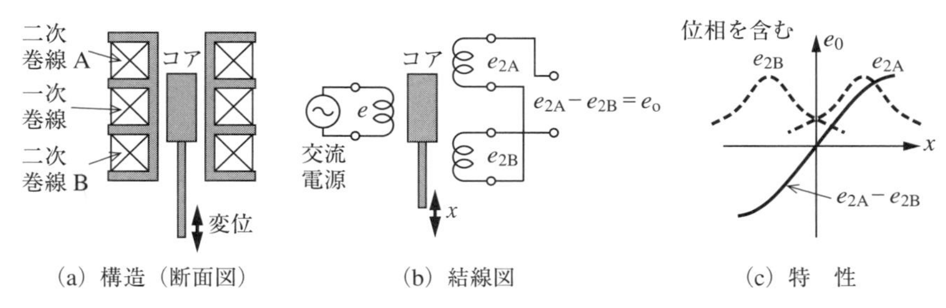

(a) 構造（断面図）　(b) 結線図　(c) 特　性

図 4.6　差動変圧器による変位センサ

すると，コイル L_1，L_2 のインダクタンスが差動的に変化する．

インダクタンス型は容量型と双対関係があり，検出対象に非接触で変位が交流電気信号に変換される．

誘導型変位センサの実用例として差動変圧器と呼ばれるセンサがある．

2 個のコイルの間の相互インダクタンスの変化を利用した変位センサとして**図 4.6** に示した差動変圧器がある．図 (a) に示したように一次巻線に対して上下に 2 個の二次巻線があり，それが差動的に接続されている．一次と二次の巻線間の電磁的結合が強磁性体コアの上下方向の変位により変化する．コアが中央の位置ならば二次巻線の電圧は等しく，出力電圧は零であるが，コアが変位すると変位に比例した交流電圧が得られる．逆方向の変位では出力の位相が逆転する．出力がコアの移動に比例する範囲は 2～100 mm 程度である．

4.5　加速度センサ，振動センサ

ニュートンの運動方程式が示すように力と加速度とは質量を介して結びついている．振動の加速度や振幅などを知るために**図 4.7** に示すようなダンピング機構をもつばねで慣性質量を支持するサイズモ系と呼ばれる力学系が加速度や振動センサとして使われる．

フレームに外部から加速度あるいは振動 y が加えられたときにフレームと質量 m との相対変位 x から振動の加速度や振幅が求められる．図の振動系の運動方程式を式 (4.9) に示す．

$$m\ddot{x} + r\dot{x} + kx = -m\ddot{y} \tag{4.9}$$

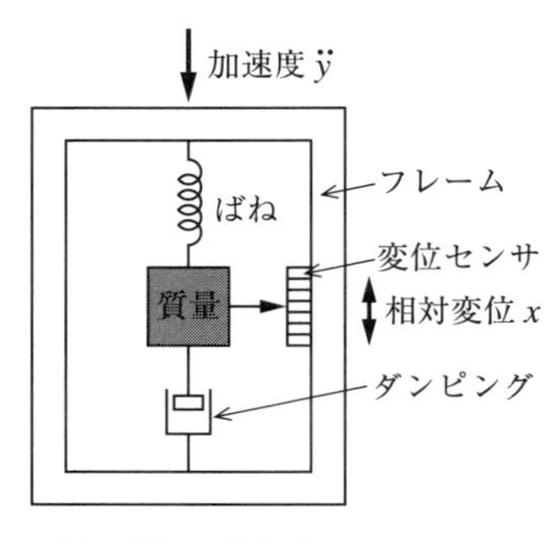

(a) ばね－質量系

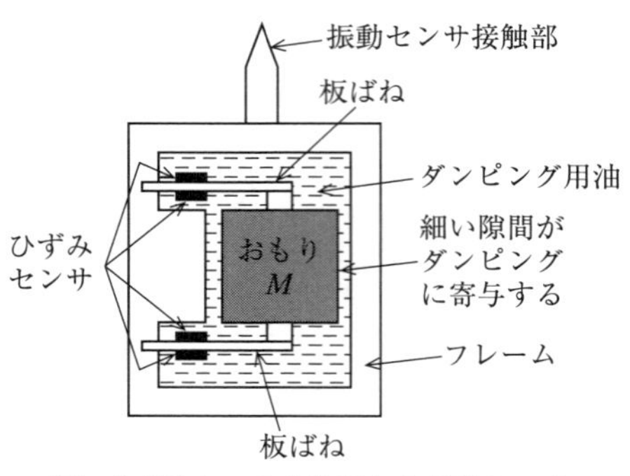

(b) ひずみセンサを使用した振動センサ

図 4.7　加速度センサ

ただし，k：ばね定数，r：ダンピング定数

いま，フレームに外部から加わる周期的振動 y を振幅 Y，角周波数 ω として

$$y = Y\sin\omega t \tag{4.10}$$

で表される正弦振動であるとすると，x も正弦波の振動と仮定できるから，式 (4.9) を変形した非同次の微分方程式 (4.11) で記述される．

$$\ddot{x} + 2\zeta\omega_0\dot{x} + \omega_0^2 x = -\ddot{y} \tag{4.11}$$

ただし，$\omega_0 = \sqrt{k/m}$，$\zeta = r/2\sqrt{mk}$

外力が加わる振動であるが，特解と右辺＝0 とした同次微分方程式の一般解との和で表される．しかし，後者の一般解は時間とともに減衰する過渡的な項で，外力による振動は式 (4.11) の特解で表される定常成分である．その定常解として，式 (4.12) が求められる．

$$x = X\sin(\omega t - \varphi) = \frac{\left(\dfrac{\omega}{\omega_0}\right)^2 \cdot Y\sin(\omega t - \varphi)}{\sqrt{\left(1 - \dfrac{\omega^2}{\omega_0^2}\right)^2 + \left(2\zeta\dfrac{\omega}{\omega_0}\right)^2}} \tag{4.12}$$

ただし，$\varphi = \tan^{-1}\dfrac{2\zeta(\omega/\omega_0)}{1-(\omega^2/\omega_0^2)^2}$

図 4.7 のばね，質量系の固有角周波数 ω_0 とセンシング対象の振動角周波数 ω との大小関係により相対変位 x が示す特性が変化する．その結果は次の量に

比例する．

（1）$\omega/\omega_0 \gg 1$ の場合

外力の振動角周波数がサイズモ系の固有振動周波数より大幅に高い場合で

$$x \approx -Y\sin\omega t,\quad \phi \approx 180^\circ$$

で近似できるから，変位 x は振動の変位を示す．慣性質量 m が不動点となり，m のフレームに対する相対変位が外部から加えられた振動の変位を示す．位相は逆位相になっていることに注意する．したがって，振動センサとして使用できる．

（2）$\omega/\omega_0 \ll 1$ の場合

外力の振動角周波数がサイズモ系の固有角周波数より大幅に低い場合で，特解は

$$x \approx \left(\frac{1}{{\omega_0}^2}\right)\omega^2 \cdot Y\sin\omega t = -\left(\frac{1}{{\omega_0}^2}\right)\ddot{Y}$$

で近似されるので，x は外力による振動の加速度に比例する．サイズモ系は加速度センサとして使用できる．

（3）$\omega \approx \omega_0$ の場合

特解の分母から想像されるように振幅はダンピングの影響を大きく受け，安定ではない．外力の角周波数が系の固有振動周波数に近づくほど共振状態となり，振幅が不安定になるので，この状態はセンシングには使用されない．

上に述べたのは振動センサ，加速度センサの動作原理である．実際に使用されるセンサは用途に応じた設計がなされている．振動の変位を検出，計測するセンサでは，固有周波数を低く設計すると，小形化した場合には繊細な構造となる．実例は地震センサである．変位はひずみセンサを活用して電気信号に変換される．

加速度センサは計測できる周波数を広くするために固有振動数を高めるから，小形化が容易で，頑丈なセンサが作りやすい．変位の電気信号への変換には，前述の変位センサの応用のほか，圧電効果を使用して，ひずみに比例した電荷に変換するものもある．圧電センサについては，第7章を参照されたい．身近な実例では，車の衝突の衝撃で，エアバッグを起動させる加速度センサが多数

使用されている．これらでは，小形化のため，機械要素部品と電子回路を一つの基板上に集積するMEMS（Micro Electro Mechanical Systems）技術，微細加工技術を利用して生産される．

第4章で学んだこと

物理量として最も基本的な力，トルクや圧力などのセンシング技術を学んだ．この技術は基礎的であるから，ほかの量のセンシングにおいても応用される．

力の変換の応用として最も身近な振動，加速度のセンサについても学んだ．

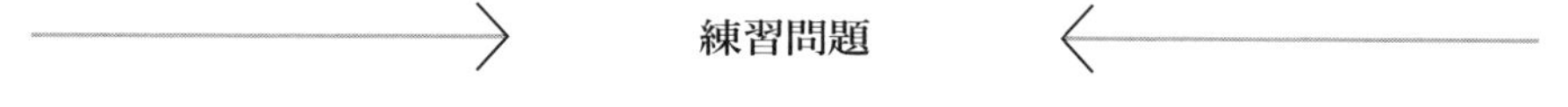

練習問題

問4.1　微小な弾性変形を電気信号に変換するのに電気抵抗やインピーダンスの変化を仲介として電気信号に変換する．その方式が構造型センサである理由を述べよ．

問4.2　断面が10 mm × 10 mm，長さ1 mの鋼の棒材に10 kNの張力を加えたときの応力，ひずみを計算せよ．またその棒鋼の側面に金属ひずみゲージを取り付けたときの抵抗変化率を求めよ．鋼のヤング率は206 GPaとする．

問4.3　サイズモ系と呼ばれる力学系に外部から振動が加えられたときの運動方程式を示せ．

問4.4　上の系が振動の加速度センサとなる場合の満たすべき条件は何か．

問4.5　上の系が振動の振幅を発信するセンサとなる条件は何か．

第5章　長さ，速度センサ

本章では形の変形ではなく，移動を含む長さのセンシング技術，時間当たりの移動量である速度のセンシングについて述べる．移動には直線のほか，回転運動も含まれる．さらに位置の計測，回転角度も重要なセンシング対象である．さらに，移動中の位置を知る測位について学ぶ．

5.1　速度センサ，位置，角度センサとスケール

速度は単位時間当たりの移動距離であるから，長さの測定が前提となる．ただ，ここでの長さは形の変形量ではない．むしろ，固体が移動した距離や位置のセンシングである．微小な変位ではないので，センシングの機器や信号変換の手法が異なる．

一つの単位構造（モジュール）が繰り返される周期構造があり，移動や回転による周期の数の計数により距離や長さを知る．物指しの目盛を数えるのと同様であるが，人の眼ではなく，センサが目盛を読み取る．また，あらかじめ設定した目印の位置や移動量の計測の場合もある．

センサで数字を読むのは容易ではないので，周期構造の構成は1と0とで表される2進数で表す．2進数であれば，1と0に対応する二つの異なる状態を弁別すればよい．たとえば**図5.1**に示すように二つの状態を1と0とに対応させ，センサで読み取る．

①　周期的な凹凸：高低が1と0に対応

②　光の透過あるいは反射の有無：明と暗が1と0とに対応

③　磁化方位の周期的変化

①の場合，非接触で凹凸を読み取るには前項で述べたインピーダンス変化（たとえば容量）を利用した変位センサがある．

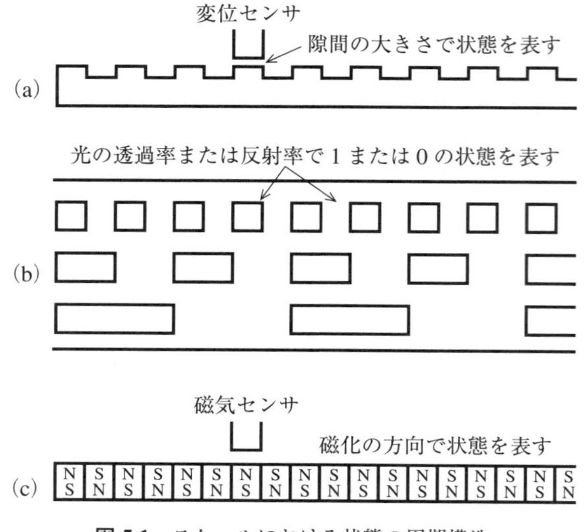

図 5.1　スケールにおける状態の周期構造

5.2　エンコーダ：増分型と絶対値型

位置や角度を直接，ディジタル符号化するセンサを**エンコーダ**（encoder）という．

スケールを使って位置や変位を知るとき，位置の変化分がわかればよい場合と位置の絶対値が必要な場合とがある．

変化分のみが必要であれば，ある基準の位置からのセンサ出力変化の度数を計数して，それをカウンタあるいはメモリに保持する．変化量が大きい場合，ビット数が多くてもセンサは1個ですむが，センサは2進数の最小桁しかわからない．このような方式を**増分型エンコーダ**（incremental encoder）といい，**図 5.2**（a）に示す．

絶対値が重要なときは，その値の最大値に対応したビット数の数だけのセンサが必要である．この構成を**絶対値型エンコーダ**（absolute encoder）という．図（b）に示した光学的スケールは絶対値形であり，いま，5個の光センサの出力が01101であれば『13』の位置にあることを示す．

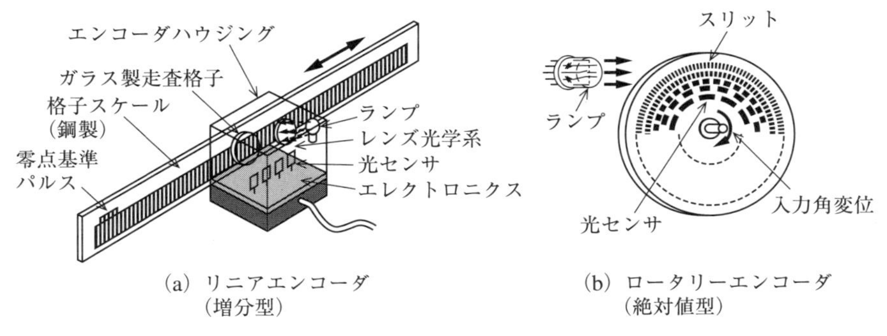

(a) リニアエンコーダ
(増分型)

(b) ロータリーエンコーダ
(絶対値型)

図 5.2　エンコーダ

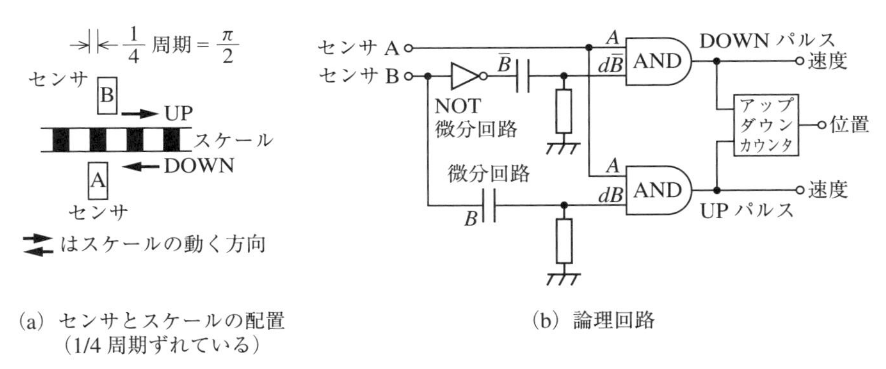

(a) センサとスケールの配置
(1/4 周期ずれている)

(b) 論理回路

図 5.3　増分型エンコーダの増減方向の弁別回路

また，センサが 1 個であれば，増減の方向を区別できない．したがって，1/4 周期だけ位相をずらして配置した 2 個のセンサ出力の時間的タイミングの相違から方向を知る．このような構成が増分型の一構造例である．その動作を実行する回路を**図 5.3** に，動作を**図 5.4** に示す．

変位が増加のときと減少のときとでは，図 5.4 の時間の向きが反対となる．増加のときはセンサ B の出力信号を時間微分して，センサ A の出力との AND をとることにより増減の方向を弁別したパルス列が出力される．減少のときはセンサ B の否定の信号を微分してセンサ出力 A との AND をとればよい．それぞれのパルス列信号でアップダウンカウンタの内容を増減させるとその内容より位置がわかる．

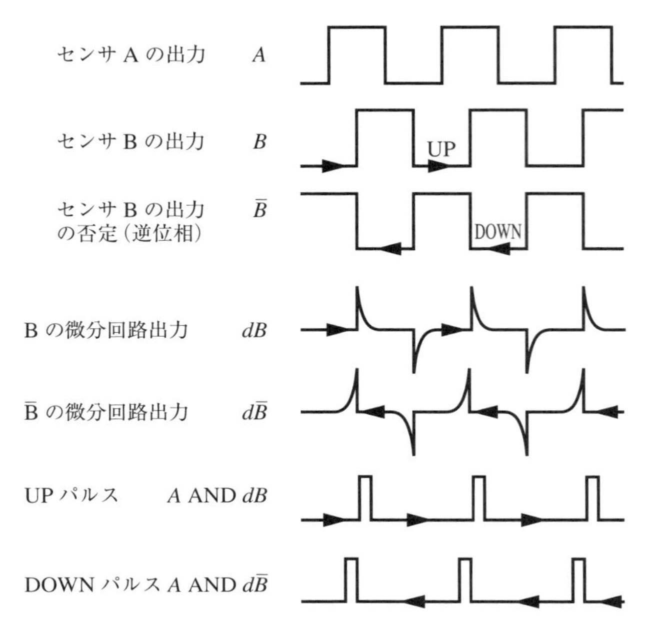

図 5.4 論理回路の動作（矢印はスケールの動く方向と時間経過の方向を示す）

5.3 速度センサ，角速度センサ

前述の周期構造を使用して，スケール上のセンサの出力変化の単位時間当たりの回数を読めば速度センサや角速度センサが実現できる．回転速度の場合には1回転による原理的な周期構造が存在する点が直線速度の場合と異なる．角速度あるいは回転数センサの場合には角度の絶対値は必要ないので増分型が使われる．

角度センサや角速度センサは5.1節で述べた周期構造を回転変位に置き換えた構造をもつ．角度や角速度をディジタル信号に直接変換するエンコーダにも増分型と絶対値型とがある．これらを総称して**ロータリーエンコーダ**と呼ぶ．

絶対値型の構造例を**図 5.5** に示す．図 5.1（a）と（c）とを回転変位としたものが角速度センサで，**図 5.6** に示す．角速度あるいは回転数センサの場合には絶対値が不要なので，増分型が使用される．内燃機関のクランク軸やロボットの腕の角度センサでは，回転速度だけでなく，角度を知る必要があるので，歯

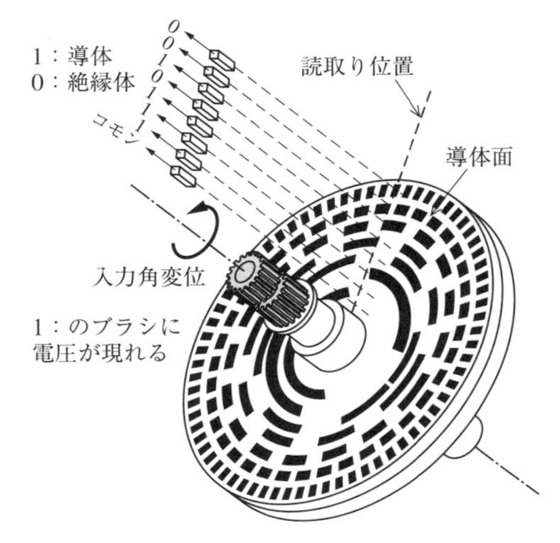

図 5.5 ロータリーエンコーダの例

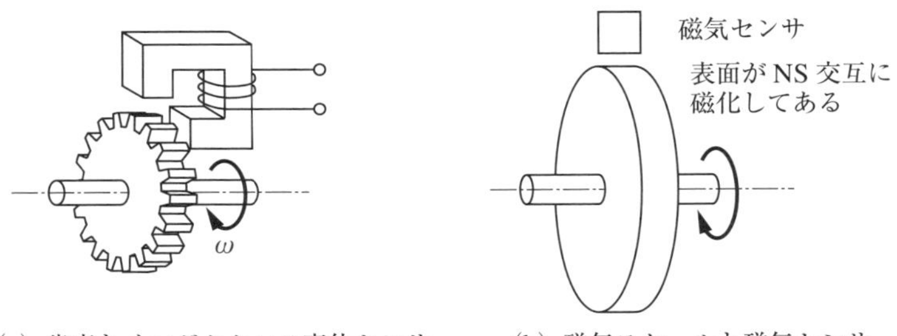

(a) 歯車とインダクタンス変位センサ (b) 磁気スケールと磁気センサ

図 5.6 回転速度センサの構成例

型を特殊にしたり，特殊な符号を組み合わせることがある．また，1 回転の周期構造を利用した回転数センサがある．

5.4 波動を利用した長さ計測，測位

昔から方位を知るには地磁気だけでは不十分で，恒星の観測や地上の目印に依存してきた．天候で視界が利かないときには電波が頼りであった．

電磁波と超音波で，伝搬速度が一定であることを利用して波動を発射し，反

射波が戻るまでの時間から距離を求める方式によるセンシング機器に**レーダ**や**ソナー**がある．波動を利用する方式は，波が一定の波長をもつため，形成される波面が1種の周期構造を空間に形成するとみることができる．ソナーは電磁波が伝わらない水中で多く使われ，魚群探知にも応用される．

自動車に限らず航空機や船舶で，遠くまで到達する波動の性質を利用している．広い範囲に波を放射し，受信波や反射波から方向と距離を求め，目標の位置がわかる．目標の位置がわかれば，自身の位置がわかる．これを**測位**（positioning）という．

GPS（Global Positioning System）と呼ばれる方式では，約2万kmの上空を周期12時間で周回する正確な原子時計をもつ人工衛星からの電波を受信し，次の方程式から位置（x, y, z）を求める（**図5.7** 参照）．

$$
\begin{aligned}
(x-X_1)^2+(y-Y_1)^2+(z-Z_1)^2&=c^2\,(t_1-T_1)^2\\
(x-X_2)^2+(y-Y_2)^2+(z-Z_2)^2&=c^2\,(t_2-T_2)^2\\
(x-X_3)^2+(y-Y_3)^2+(z-Z_3)^2&=c^2\,(t_3-T_3)^2
\end{aligned}
\qquad (5.1)
$$

ただし，X_i, Y_i, Z_i：i（$i=1, 2, 3$）番目の衛星の電波発信時刻 T_i の位置座標，c：光の速度，T_i：i 番目の衛星が電波を発信した時刻，t_i：i 番目の衛星電波の受信時刻，x, y, z：受信者の位置座標

電波受信者の時刻が正確であれば，3個の衛星からの電波を受信して式（5.1）の3個の方程式から3個の球面の接点として電波受信者の位置が求められる．実際は受信者の時計が正確でないので，3個より多くの衛星電波を受信して不確かさを減らす．

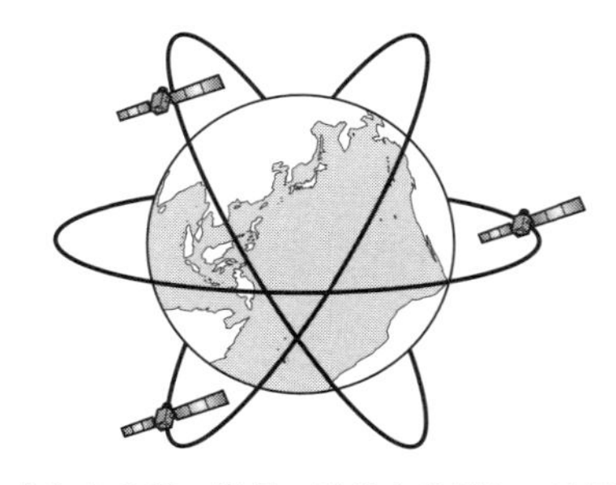

図5.7　GPS：少なくとも3個の衛星の電波を受信し，時刻経過から位置を推定

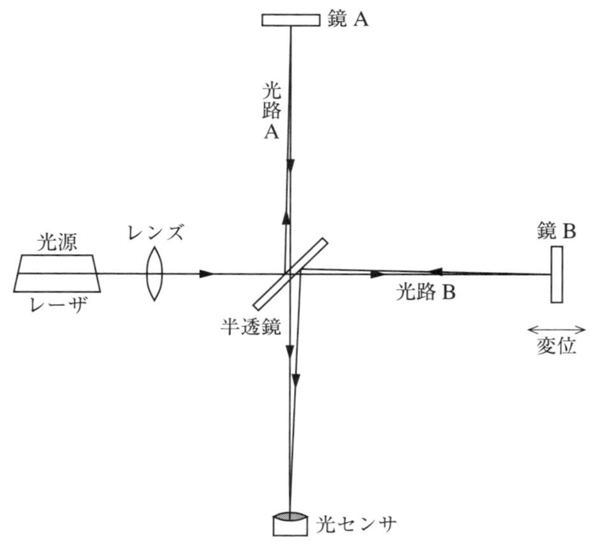

図 5.8　マイケルソン干渉計

GPS が与える情報は緯度と経度であるが，歩行者や車の運転者には理解できないから，地図情報と組み合わせて，地図上に位置を表示して直観的理解を得られるようにする．

光の波長を周期的な構造をもつスケールとして長さの精密測定を行うものに干渉計がある．**図 5.8** に基本的なマイケルソン干渉計を示す．直交した光路 A と B を伝搬し，鏡 A と B で反射した光を光センサの位置で干渉させると 2 光路の長さ変化に応じて半波長の周期で干渉光の明るさが変化する．これで一方の鏡の位置を基準として他方の鏡の位置が計測できる．干渉計はセンサを含むシステムであるが，図 5.8 に見られるように対称構造になっている．

5.5　波動を利用した速度計測

速度センサには電波や音波のドップラー効果を利用したものがある．速度を計測する対象に対して**図 5.9** に示すように角度 θ_1 で波長 λ の電波または音波を照射し，対象からの反射波を θ_2 の角度で受信する．反射波はドップラーシ

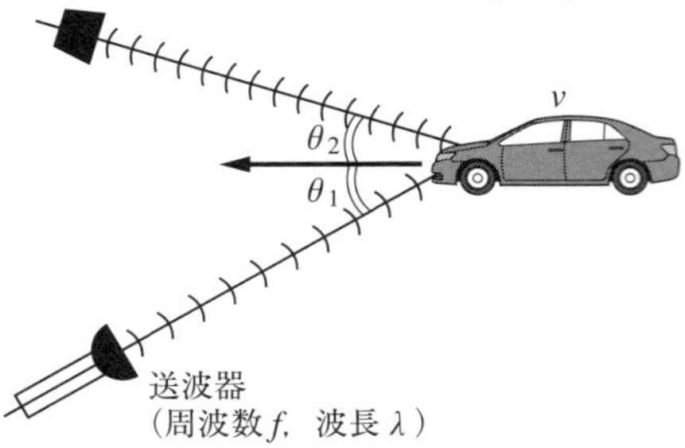

受信器
(マイクまたはアンテナ)(周波数$f+\Delta f$)
v
θ_2
θ_1
送波器
(周波数f，波長λ)

図 5.9　ドップラー型速度計（送波器と受波器とを同一場所に設置したものが多い）

発信と受信が共通

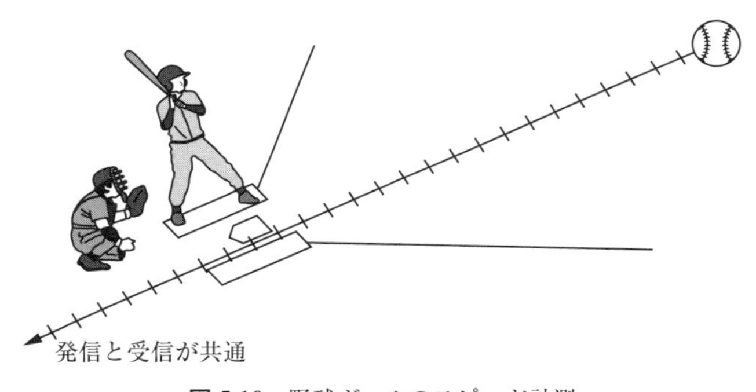

図 5.10　野球ボールのスピード計測

フトを受けるので，送信波と周波数が異なる．その周波数差Δfより式 (5.2) より対象の速度vが求められる．

$$v = \frac{\Delta f \cdot \lambda}{\cos\theta_1 + \cos\theta_2} \tag{5.2}$$

波動を利用する手法は対象に非接触で計測できるので，対象の状態を乱さないのが大きな特徴である．車の速度計測や野球投手の投球速度の計測でおなじみである（**図 5.10** 参照）．

5.6　速度センサとアクチュエータ

回転速度ではなく，直線速度の場合にはもともと周期構造が存在しない場合がある．4 章で述べた変位センサ出力の時間微分をとれば実現するが，変位センサの計測範囲が狭いので，問題となる．このような場合，動的な電磁気現象を利用した可動コイル型速度センサが使用される．磁界中の可動コイルは電磁誘導の原理を利用して速度を電圧に変換するセンサデバイスである．

図 5.11 に示すように，同心円状の空隙に均一磁界が形成されて中を円筒状のコイルが移動する構造であり，ダイナミックマイクロフォンが同様な構造である．これは電気音響アクチュエータであるダイナミックスピーカやヘッドフォンの振動励起部分とも共通な構造であって，センサとアクチュエータとが共通の構造をもつのは，エネルギー変換効率を最もよく実現する構造が信号変換を忠実に実行する構造と一致するからである．

空隙の磁束密度を B〔T〕，コイルの磁界中にある有効巻き線長さを l〔m〕，磁界とコイルとの相対速度を v〔m/s〕とすると，電磁誘導でコイルに誘起さ

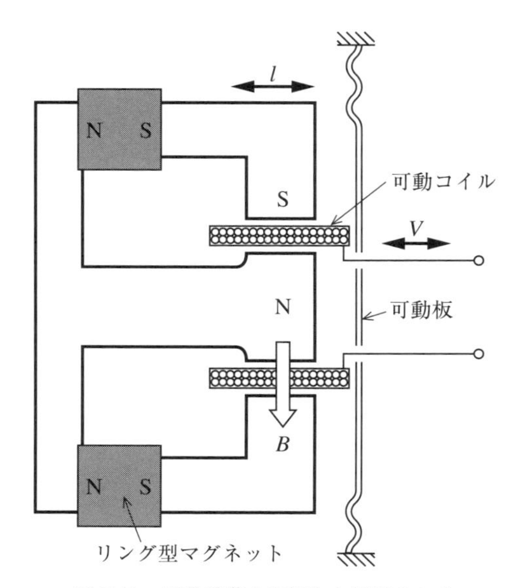

図 5.11　電磁誘導を応用した速度センサ

れる起電力 e〔V〕は次式で表される．

$$e = Blv \tag{5.3}$$

4章のサイズモ系では振動の変位と加速度が得られる．速度が得られなかったが，相対速度 v に比例する出力が得られる．

第５章で学んだこと

4章とは異なり，周期構造の数を数える手法で大きな変位や距離をセンシングする手法を学んだ．得られたデータの時間微分により速度が得られる．自身の位置を正確に知ることは意外に難しい．GPS は地上の車ばかりではなく目印のない空中や海上でも正確な位置情報を提供するシステムである．

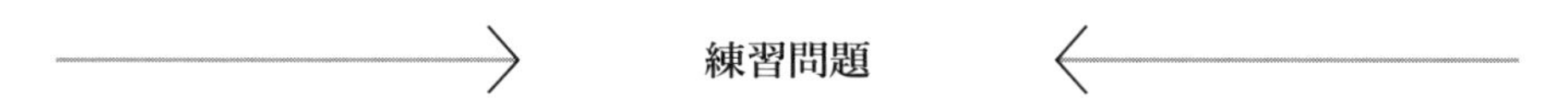

練習問題

問 5.1　弾性体の弾性変形より大きい変位や移動距離を電気信号に変換する手法を，例を挙げて示せ．

問 5.2　エンコーダに絶対値型と増分型とがある．両者の違いを述べよ．

問 5.3　回転速度センサの変換原理を述べよ．

問 5.4　空中や海上において自身の位置を知る測位技術にはどのような手法があるか．

問 5.5　測位の手法として GPS の方式が優れている点は何か．

第６章　流速・流量センサ

現代社会では生活に欠かせない物質やエネルギーが流体の形で供給されている．家庭では水やエネルギー源としてのガスや石油などが供給される．プロセス産業ではエネルギーのほかに，原料や製品あるいは副産物や排出物も流体である場合が多い．プロセス全体で，物質収支，エネルギー収支を指針としながら設備の運転が行われる．したがって，家庭や産業の取引では，流量計測は物質，エネルギー双方の収支にも関係する重要な計測である．流速センサや流量計は流れの状況に支配される形状や構造をもつ典型的な構造型センサである．

6.1　流速計測に関する信号変換の原理

流速・流量計測は固体の速度計測と比較すると難しい．速度を計測するための目印を付けることが困難であり，付けたとしても，ゆらぎによって流れとともに形状が変わり，目印の位置が変わる．流体中に周期構造を設定することは，より難しい．さらに，次のような流体特有の課題がある．

①　流体の種類（気体，液体）に依存しない

②　流体の条件（温度，圧力，粘度，組成）の影響がない

③　流量の積算値が求められること

これらの条件をすべて満足することは不可能なので，流体の種類に適合した種々の計測法が考え出され，使われてきた．それらの原理を大別すると次のようになる．

（1）　流れを絞って圧力の変化を利用する

（2）　渦による流体振動を利用する

（3）　波動の伝搬速度を利用する

（4）　イオンに作用するローレンツ力を利用する

（5）　流れの冷却効果を利用する

（6）　流れの中の目印の移動速度を利用する

(7)　一定容積に区分して周期構造をつくる

(1)～(6) は流速を求め，流れの断面積を乗じて流量を求める間接法であるが，(7) は直接流量を知る手法である．流量には，計測断面を通過する体積で表現される**体積流量**と，通過する質量で表現する**質量流量**とがある．燃焼など化学反応を支配するのは質量であるから，質量流量計が開発されているが，簡単のため体積流量で代用される場合が多い．

6.2　ピトー管

ピトー管（Pitot tube）は100年以上前にフランスのピトーにより考案され，川の流速計測に使用されたのが最初の長い歴史をもつセンサである．現在でも航空機の対気速度の計測に使用されている．

流体の粘性や圧縮性が無視できれば，1本の流線の上の2点AとBについて**ベルヌーイの定理**が成立し，式 (6.1) が成り立つ．

$$p_t = \frac{1}{2}\rho v_{\mathrm{A}}{}^2 + p_{s\mathrm{A}} = \frac{1}{2}\rho v_{\mathrm{B}}{}^2 + p_{s\mathrm{B}} \tag{6.1}$$

ただし，p_t：全圧〔Pa〕，$p_{s\mathrm{A}}$，$p_{s\mathrm{B}}$：A，B点における静圧〔Pa〕，ρ：流体の密度〔kg/m^3〕，v_{A}，v_{B}：A，B点における流速〔m/s〕

静圧は流体中の物体に作用する圧力で，流体と同じ速度で移動する物体にも同じ静圧が作用する．式 (6.1) の右辺第1項は流れの中の物体により流れの速度が変わるとき，流体の運動量の変化に基づく圧力で動圧〔Pa〕という．動圧と静圧の和を全圧といい，流れの中に静止した物体の作用する圧力に等しい．ベルヌーイの定理は粘性による損失が無視できれば，流線に沿ってエネルギーが保存されることを示している．

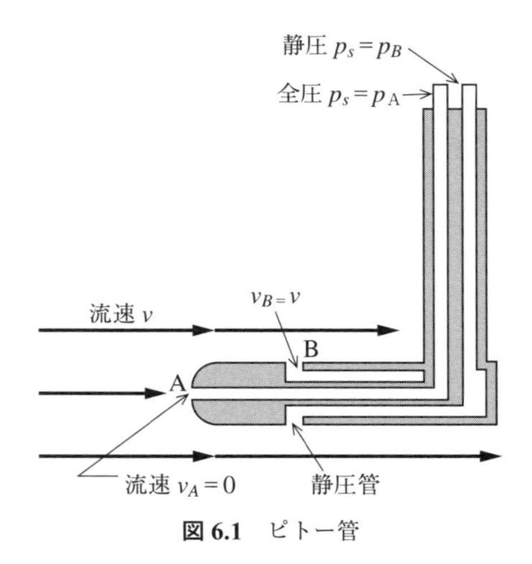

図 6.1　ピトー管

ピトー管の構造を**図 6.1** に示した．式（6.1）の流線上の点 A をピトー管の先端部にとると，A 点の圧力はピトー管によって流れが止められるので $v_A = 0$，A 点の圧力を p_A，流れに沿った開口部 B 点の圧力を p_B とすると，B 点は流れの静圧を取り出せる位置に開口しているので

$p_B = p_s$：静圧，$p_A = p_t$：全圧

式（6.1）より，全圧は動圧と静圧の和であるから v_B を求める流速として

$$v = \sqrt{\frac{2(p_t - p_s)}{\rho}} \tag{6.2}$$

差圧 $p_t - p_s$ を求めれば，流速 v が得られる．標準状態 0℃，空気の密度は 1.293 kg/m^3 であるので，$v = 10$ m/s で 64.95 Pa = 水柱 6.59 mm の差圧を生じる．

ピトー管では，静圧を正確に取り出すのが課題で，B 点の開口の位置や形状に流れを乱さないような工夫や改良が加えられている．

6.3　しぼり流量センサ・差圧流量計

図 6.2 に示すように，円形断面の管路を中央で流れをしぼり，その前後の圧力の差を測定すると，流速または流量の 2 乗に比例する．流体の粘性や圧縮性を無視するとしぼりを通過する流線についてもベルヌーイの定理が成立する．

$$\frac{1}{2}\rho v_1^2 + p_1 = \frac{1}{2}\rho v_2^2 + p_2 \tag{6.3}$$

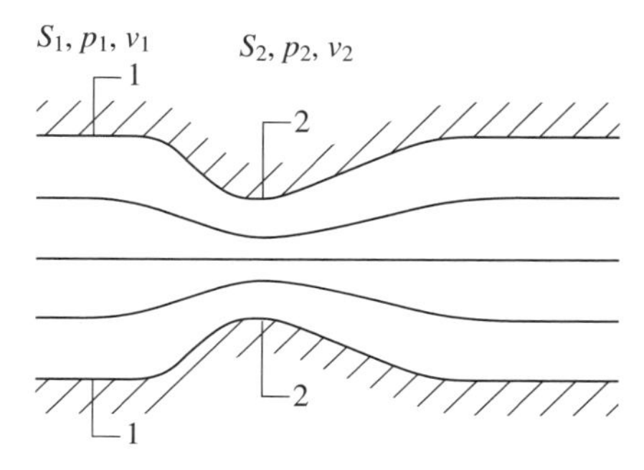

図 6.2　しぼり流量計

ただし，p_1，v_1：しぼりの前の圧力と平均流速，p_2，v_2：しぼり断面における圧力と平均流速，ρ：密度

しぼりの前後で流体が管路から出入りがないので，管路の断面積を S_1，しぼり部の断面積を S_2 とするならば，体積流量を Q とすると

$$Q = S_1 v_1 = S_2 v_2 \tag{6.4}$$

式（6.3），（6.4）より

$$Q = S_2 v_2 = S_2 \sqrt{\frac{2(p_1 - p_2)}{\rho(1 - m^2)}} \tag{6.5}$$

ただし，$m = S_2/S_1$

したがって，体積流量 Q が圧力差 $p_1 - p_2$ から求められる．圧力差は差圧センサにより電気信号に変換される．

しぼり流量計（differential pressure flowmeter）は現在，工業計測で最も多く使われている流量計であって，しぼりの形状には**図 6.3** に示す3種類がある．

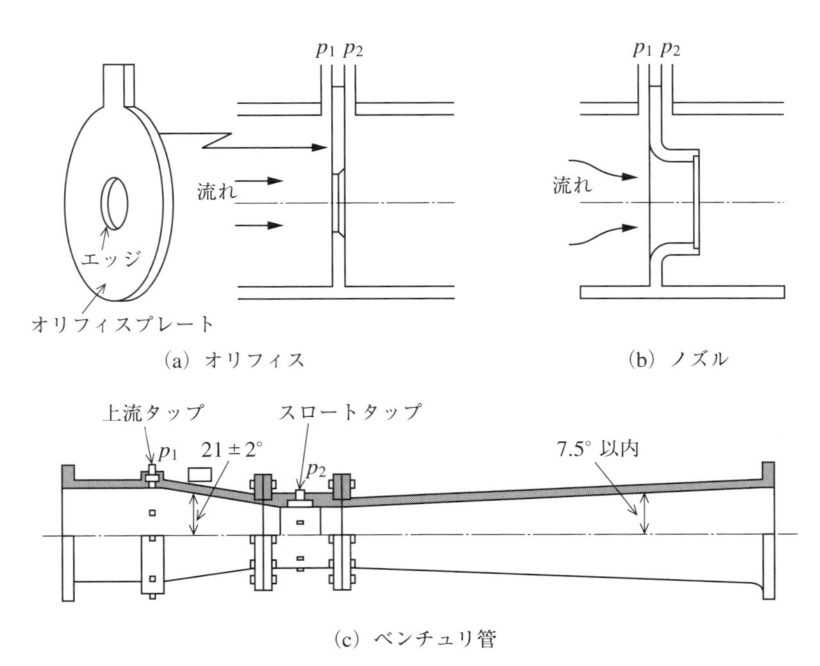

図 6.3　流量測定用しぼり

式 (6.3) はエネルギー保存則を示している．しぼりにより流体のエネルギー損失が生じないためには，しぼりの下流で流れが管壁から剥離したり，渦が発生したりしてはならない．ベルヌーイの定理を示す式 (6.3) が成立するのは，管路の拡大部分で流れが剥離しないように注意深く製作された**ベンチュリ管**（図 6.3 (c)）の場合のみである．オリフィスやノズルの場合にはエネルギー損失が発生するので，式 (6.5) はそのまま適合しない．そのため，しぼりの形状で定まる補正係数を式 (6.5) に乗じることにより体積流量を求める．補正係数は流出係数（discharge coefficient）と呼ばれる．流出係数は実測にもとづくデータが標準化されている．

オリフィスは最も簡単な構造であるが，エネルギー損失が最大となる．ベンチュリー管が最小，ノズルはその中間である．

計測される流体が気体の場合には圧縮性があるので，その影響を考慮し，断熱膨張を想定した膨張補正係数を式 (6.5) に乗じる．また流速が低くなると，粘性の影響が無視できなくなり，差圧も微小となるので，不確かさが増えて使用できない．

しぼり流量計は流体に接するしぼり機構が簡単な構造であるから，気体，液体を問わず広く使用される．しかし，10 倍の流量変化に対して差圧は 100 倍も変化するから，広い流量範囲を小さな不確かさで計測するのは容易ではない．また，積算流量を求めるのには，差圧の平方根を求め，その時間積分を求めなければならない．

6.4 面積流量計

式 (6.5) において，しぼりの面積 S_2 を可変とし，差圧 $(p_1 - p_2)$ が一定になるような方式，すなわち，流量に応じて面積 S_2 を変える原理で計測するのが**面積流量計**（area flow meter）である．構造は一定の断面積をもつ浮き子（フロート）が垂直な管軸に沿って移動することで断面積が変化する．**図 6.4** のように浮き子の自重と浮き子に作用する差圧に基づく力と浮力の和とが等しくなる位置で平衡する．その位置を直接読み取るか，電気信号に変換して流量を知る．しぼり流量計と流路の関係が逆になっている．

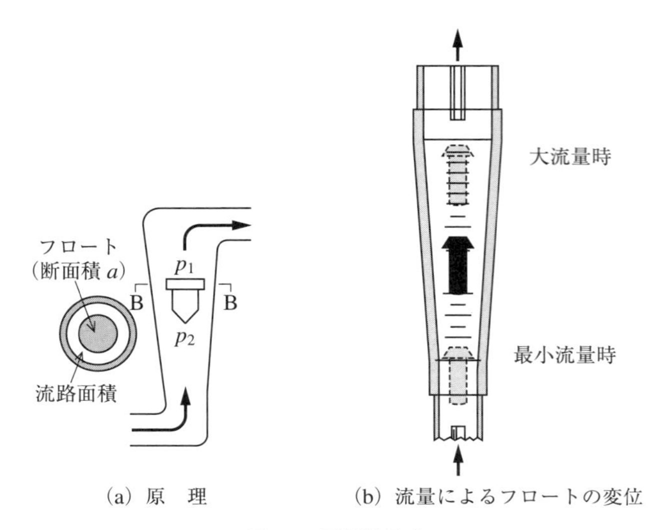

（a）原　理　　（b）流量によるフロートの変位

図 6.4　面積流量計

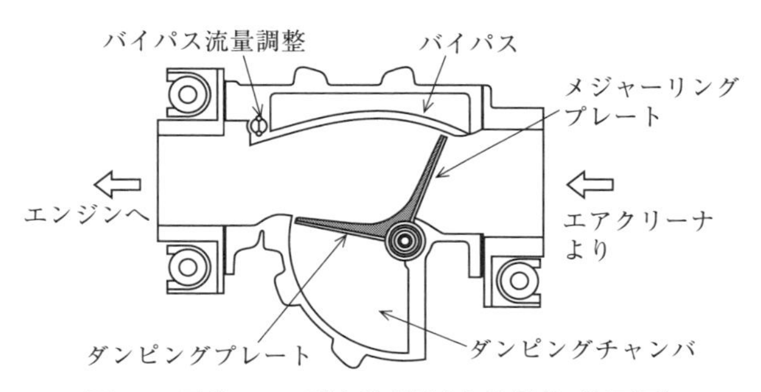

図 6.5　可動ベーン型自動車用空気流量計（断面図）

この方式の変形といえるのが**図 6.5** に示した**可動ベーン型流量計**で，自動車エンジンの吸入空気流量計測に使用される．

メジャーリングプレートと呼ばれるベーンが図の右側から流れ込む空気に押されて中央の軸周りに回転する．回転する角度により管路とベーンとの隙間が増すことで流路の断面積が増加する．ベーンの回転は軸に取り付けられたばねの弾性による復元トルクと平衡する位置で停止する．その位置が平衡点の近くで振動するのをダンピングチャンバ内の空気の粘性で抑制する構造をもつ．平衡したベーンの位置が電気信号に変換される．

6.5　渦流速センサ・渦流量計

流れの中に円柱や角柱のような形状の物体を置くと，**図 6.6** に示すような下流に交互に放出される 2 列の渦列が見られる．流れが速いと渦が見えにくく，蛇行しているように見える．この渦列は**カルマン渦列**と呼ばれ，渦の配列の安定性を明らかにした物理学者テオドール・フォン・カルマンの名がつけられている．

渦は配列の安定性に基づき，物体の側面から規則的に交互に放出される．

その放出周波数を f とすると，流速との間には式（6.6）の関係がある．

$$f = S\frac{v}{d} \tag{6.6}$$

ただし，d：円柱の直径あるいは角柱の流れに直交する幅，S：ストローハル数（Strouhal number）と呼ばれる無次元数で，円柱の場合は約 0.2，角柱の場合は約 0.16 となる．

いま，$v = 10$ m/s，$d = 0.02$ m の円柱に接する流れとすると，$f = 100$ Hz となる．この関係は気体，液体など流体の種類によらず同じ関係が成り立つ．その理由はストローハル数が無次元数であるためである．

この渦放出現象は，物体の後流が蛇行しているように，一種の流体振動現象である．この振動が規則的で流速に比例する性質を利用したのが**渦流速センサ**であり，一定の内径をもつ管路と結合したのが**渦流量計**（vortex flowmeter）である．

図 6.6 は金属粉を水面に浮かべて流れを可視化し，渦の放出や管壁との関係

図 6.6　断面が台形状の渦発生体下流のカルマン渦

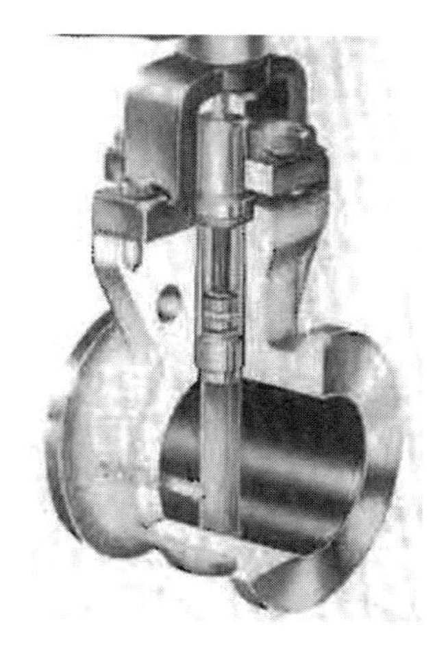

図 6.7　渦流量計（横河電機による）

を示した写真で，後流の振動の様子を見ることができる．

渦流量計は流速と周波数との比例関係が流速の広い範囲で成立するように渦発生体の形状や寸法を定めており，**図 6.7** にその外形を示す．

渦放出周波数の検出にはさまざまな方式があるが，図示した流量計では，渦放出に伴う渦発生体の周囲の循環の変化に基づく揚力が流れと垂直の方向に交互に作用するので，それを渦発生体の角柱に内蔵した圧電センサで電気信号の周波数に変換する．抵抗型や容量型の変位センサを使用したものもある．

揚力 L は，角柱の周囲の循環 Γ としたとき，式（6.7）で与えられる．

$$L = \rho v \Gamma \propto \rho v^2 \tag{6.7}$$

ただし，v：流速，ρ：流体密度

揚力の大きさは流速の2乗に比例するので，低周波数の利得を増し，高周波数の利得を下げた電子回路で増幅し，一定振幅のパルス列が，周波数に比例するアナログ信号に変換する．パルス列をカウンタで計数すれば積算流量が得られる．

渦放出周波数を検出するのに循環の変化に基づく揚力を検出する代わりに流れの変化を利用する方式もある．**図 6.8** は連続波の超音波のビームが渦を横切ることで位相変調を受けるので，変調の回数を計数して渦放出数を求める方式

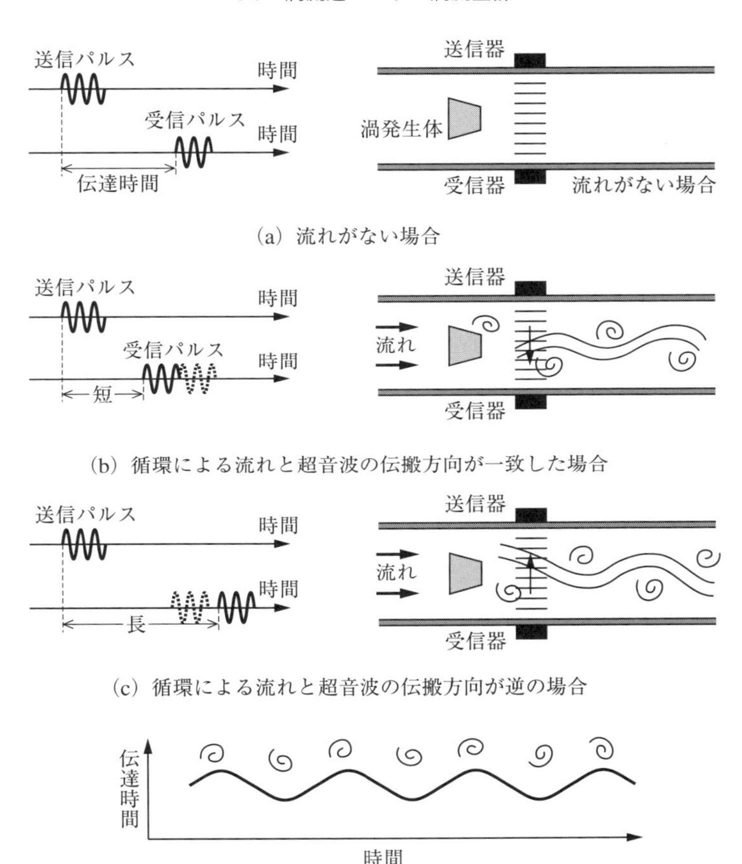

図 6.8　渦流量センサ（超音波による検出方式）（横河電機による）

である．

渦流量計は流体の種類や条件の影響を受けにくく，広い範囲で計測が可能であるが，流体振動が維持できないような粘度が高い流体には適さない．プロセス産業におけるしぼり流量計の弱点を克服するため，しぼり流量計を置き替えつつある．

また，自動車エンジンの吸入空気流量の計測にも使用されている．

6.6　超音波流速センサ・超音波流量計

流体中の超音波の伝搬速度を利用した流速センサ（ultrasonic flowmeter）は工業計測における管路内流速の計測のほか，医用，河川管理，海洋観測などにも使用される．

超音波を利用する特徴が最も発揮されるのは，工業計測において，管路内液体の流速を計測する場合である．センサが計測対象の流体に接触せず，管路の外から超音波を送信し，透過波や反射波を管路外で受信して流速を求めることができる．したがって，管路内に流れを妨げる物体を設置しなくても計測可能なのが特徴である．工業計測以外では，人や動物の血流速も体外から超音波を送受して計測できることが大きな特徴である．

超音波利用流速センサの動作原理には，流体中の音波伝搬時間の変化を利用する方式と反射波のドップラーシフトを利用する方式とがある．

(1) 伝搬時間方式

図 6.9（a）に示すように，流れに乗る方向と流れに逆らう方向に超音波を伝搬させると一定距離を伝搬する時間が流速により変化する．

まず，流れに乗って（矢印 F の方向）伝搬する場合を考える．超音波送波器 T_1 から受波器 T_2 までの伝搬時間を τ_1 とし，平均流速を v，音速を C とすると，管壁の透過時間は無視して，伝搬経路の長さを L とするならば，見かけ上の音速が $v\cos\theta$ だけ増したと見なせるので

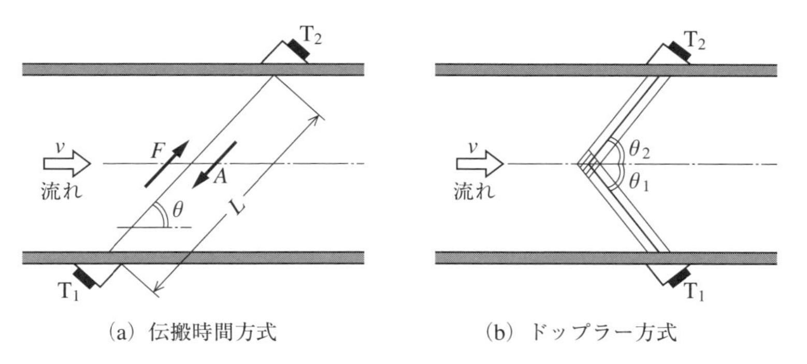

図 6.9　超音波流速センサ

$$\tau_1 = \frac{L}{C + v\cos\theta} \tag{6.8}$$

一方，流れと逆方向（矢印 A の方向）に伝搬する場合には，T_2 から T_1 までの伝搬時間を τ_2 とするならば

$$\tau_2 = \frac{L}{C - v\cos\theta} \tag{6.9}$$

いま，伝搬時間の差をとると

$$\tau_2 - \tau_1 = \frac{2Lv\cos\theta}{C^2 - v^2\cos^2\theta} \tag{6.10}$$

となり，両者の差から流速 v が求められるように思われる．しかし，音速 C が温度や流体の組成により変化するので，式 (6.10) のように C の影響を受ける．たとえば，流体が水の場合，音速は 1 500 m/s 程度であるのに対して，流速は 5 m/s 程度であるから，音速の約 0.3％に過ぎず，音速の変化の影響を大きく受けることになる．

$$\frac{1}{\tau_1} - \frac{1}{\tau_2} = \frac{C + v\cos\theta}{L} - \frac{C - v\cos\theta}{L} = \frac{2v\cos\theta}{L} \tag{6.11}$$

式 (6.11) のように伝搬時間 τ の逆数の差をもとめると，音速 C の影響がなくなる．伝搬時間の逆数を求める一つの方法にシングアラウンド方式がある．

いま，T_1 から T_2 へ超音波を送る場合を考えると，図 6.9 (a) に示すようにパルス波を送る．T_2 がパルス波を受信したら，その信号を増幅して再び T_1 からパルス波を送る．この操作を繰り返すと T_1 は τ_1 後に次のパルスを発するから τ_1 の周期でパルスを発する発振器となり，発振周波数は $1/\tau_1$ に等しくなる．次に T_1 と T_2 の役割を交換して，T_2 から T_1 へパルス波を送ると，その発振周波数は $1/\tau_2$ に等しい．この二つのパルス周波数の差をとれば，式 (6.11) で流速 v が求められる．

しかし，実際に流速 $v = 5$ m/s，$L = 2$ m，$\theta = 60°$ とすると周波数差は 2.5 Hz にすぎない．このままでは周波数が低すぎるので，逓倍しないと流速計測の分解能が不足する．

そこで，通常**フェーズロックドループ**（phase locked loop：**PLL**）と呼ばれる回路技術を利用して伝搬時間の逆数に比例する高周波信号を作る．すなわち，

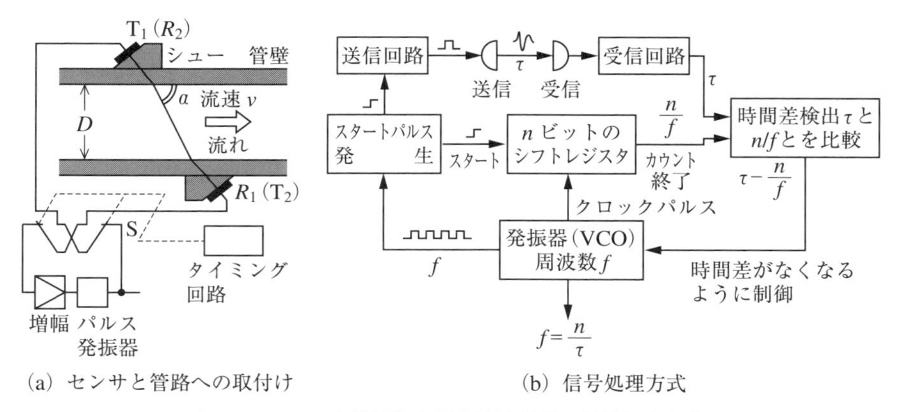

(a) センサと管路への取付け　　(b) 信号処理方式

図 6.10　PLL を使用した超音波流量計の信号処理方式

信号パルスを送波器から流体中に発射すると同時に**電圧制御発振器**（voltage controlled oscillator：**VCO**）の出力をクロックパルスとするシフトレジスタにも加える．シフトレジスタは n ビットあるので，VCO の周波数を f_1 とすると，そのパルスがシフトレジスタを通過して出力に現れるまでの時間は n/f_1 である（**図 6.10** 参照）．

PLL という回路では，流体中を信号パルスが通過する時間と周波数 f_1 の信号がシフトレジスタを通過する時間が等しくなるように VCO の周波数が制御される．その結果，$n/f_1 = \tau_1$，$f_1 = n/\tau_1$ となるからシングアラウンドの周波数が n 倍されたことになる．n を大きくとり，1 000 としたら，周波数が 1 000 倍になり分解能の問題が解決される．

送波器受波器の対を 2 組として順逆方向の周波数を同時に検出する方式もあり，1 組を交互に使うより応答が早い．ここに述べた方式はシフトレジスタを送波器からのパルスを伝搬する流体のモデルとして使用し流体とモデルの伝搬時間が等しくなるように VCO が発振周波数を自動制御しているとみなすことができる．

超音波の送波器や受波器は圧電性をもつ磁器で構成され，ジルコン酸チタン酸鉛やニオブ酸リチウムなどが使われる．これらの磁器は交流電圧を加えると厚みが変化して超音波を発生するが，逆に磁器に超音波パルスを加えると電圧を発生するので，一つの素子を送波器と受波器に切り替えて使用できる．磁器と管壁との間に隙間があると超音波の反射や散乱が生じて信号の損失が発生するので金属やプラスチックなどで隙間を埋めて送受波を行う．これをシューと呼ぶ．

伝搬時間方式では，液体中に音を散乱する粒子や気泡が多数存在すると計測が困難になる．

（2）ドップラー方式

図 6.9（b）に示すように送波器 T_1 から周波数 f の超音波を送信し，液体中の粒子や気泡で散乱された超音波を受波器 T_2 で受信する．流体中の気泡や気体中の液滴などを目印としてその移動速度を計測する方式である．受波器 T_2 で受信した超音波の周波数はドップラーシフトを受けているのでそのシフト周波数 Δf から式（6.12）で流速 v が求められる．

$$\Delta f = \frac{fv}{C}(\cos\theta_1 + \cos\theta_2) \tag{6.12}$$

ただし，C が v より十分に大きいと仮定した．

もし，$\theta_1 = \theta_2 = \theta$ であれば，次式で表される．

$$\Delta f = \frac{2fv}{C}\cos\theta \tag{6.13}$$

いま，$v = 5$ m/s，$f = 1$ MHz，$C = 1\,500$ m/s，$\theta = 60°$ とすると，$\Delta f = 3\,333$ Hz となり，高い分解能で計測できることがわかる．

伝搬時間方式では流体中に超音波を反射や散乱させる粒子などが多数含まれないことが適用可能な条件であったが，ドップラー方式では逆に反射させる粒子が必要である．血管内の流速計測では血液中の赤血球が反射体となる．

両方の方式は上記の制約条件から応用分野が異なる．水道では，上水は伝搬時間方式，下水はドップラー方式が使用される．伝搬時間方式では，伝搬経路に沿った線上の平均流速が得られるし，ドップラー方式では散乱体が存在する範囲の平均流速となる．両者とも管路内の流速分布の影響を受ける．また，流体が気体の場合には，気体と管壁材料の音響インピーダンスの差にもとづく管壁など伝搬の境界における損失が大きいので管路の中に送波器や受波器を設置しなければならない．

6.7　電磁流速センサ・電磁流量計

導電性流体が磁界を横切って流れるとき，流速と磁界との両方に垂直な方向に電界を生じる．流体中のイオンや電子が磁界を横切るとき，電子などに作用するローレンツ力のためである．生じる電界を管路壁に設置した電極により電位差として検出する．**図6.11**は，この原理を応用した**電磁流量計**（electro-magnetic flowmeter）のセンサの構造と外形を示したものである．

円形管路中を平均流速vで液体が流れているときの管路内の磁束密度をBとすると，図のEの方向に電界が生ずる．これを1対の電極P，Qによって検出するが，電極に発生する電位差をe，aを円管の半径として

$$e = 2Bav \tag{6.14}$$

で表される．

いま，$a = 0.05$ m，$B = 0.01$ T $= 100$ G（ガウス），$v = 1$ m/sとすると，$e = 10^{-3}$ V $= 1$ mVが得られる．電位差が小さいため，直流であると熱起電力や分極電位などのノイズと区別がつかなくなる．そこで，磁界として商用周波数より低い交番磁界を加え，周期的な出力電圧を得る．

図6.11（b）にプロセス産業で使用される電磁流量計のセンサの外形を示し

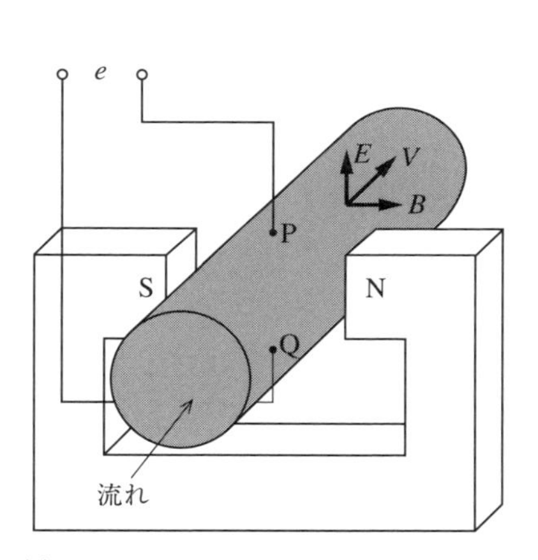

（a）ローレンツ力による流速測定の原理図

（b）電磁流速センサの例

図6.11　電磁流量計

た．管路の上下に磁界を発生するコイルが設置され，管壁内側に水平に1対の電極が取り付けられている．円管が金属であると，液体中に発生した起電力は管壁により短絡されてしまうので，管路の内側の壁面を絶縁物のフッ素樹脂などで絶縁体とする．

このセンサの特徴は流れを妨げるものがないので，流体のエネルギー損失がないこと，出力信号が管路断面に関する平均流速，すなわち流量に比例するので正確な流量計測が可能であることなどである．

円管の中の流速は一様ではない．円の中心で速く，管路壁近くでは粘性の影響で遅くなる．流れが層流であれば，軸対称の流速分布で放物線の分布をもつ．乱流では，放物線より平坦な形状に近づくが，やはり軸対称の分布をもつことが知られている．電磁流量計では，流速分布が軸対称で，磁束分布が一様であれば，式（6.14）に示すように出力が平均流速に比例する．このことはマックスウェルの方程式から導かれるので，流量計の計測原理として優れている．

この計測法には，電磁誘導の法則で有名なファラデーのエピソードが知られている．1832年にファラデーは，地球磁界を利用してロンドン・テムズ河の流速の計測を試みて失敗した．橋の上から2個の電極を下ろして川水に浸し，電位差を測定したが，信号が微弱な上に増幅器もない時代なので，分極電圧などのノイズで計測できなかったと思われる．

1950年ごろにアメリカのコーリン（A. Kolin）が交流磁界を使って，カエルの血流計測に成功した．応用できる流体は導電性の液体に限定されるが，上述の特徴が買われてプロセス工業用のセンサとして定着した．同じ原理を使用した海流や船の速度センサも開発されている．

6.8　容積流量計

一定容積の空間に「ます」のように流体を充満させ，その境界を連続的に動かして一定容積の流体を送り出す構造をもつセンサを**容積流量計**（positive displacement flowmeter）という．流れに一種の周期構造を形成し，その通過数を計数して流量を求める原理である．外壁を構成する固定部分と壁に接して回転移動する部分の間に計量空間が形成される．**図6.12**に2種の例を示す．相

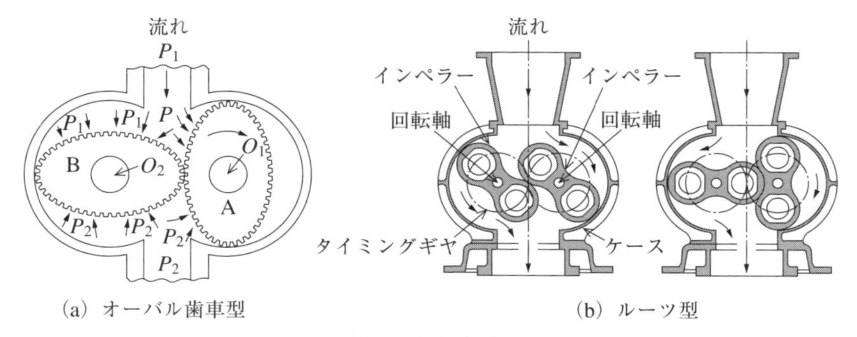

(a) オーバル歯車型　(b) ルーツ型

図 6.12　容積流量計（回転子型の例）

似の閉曲線の形状をもつ反対方向に回転する2個の回転子が，外壁との間に一定容積の流体を閉じ込める．図 (b) の例では，鎖線で示される歯車で連動する2個の回転子が接しながら計量空間を形成する．清浄な液体の計量に適している．

6.9　熱線型流速センサ・熱線流速計

流体と固体との間の熱交換は流速により大きく影響される．熱の移動量から流速が求められる．熱線型流速センサ（hotwire anemometer）は**図 6.13** (a) のように非常に細い白金線やタングステン線を電流で加熱し，流れによる冷却量

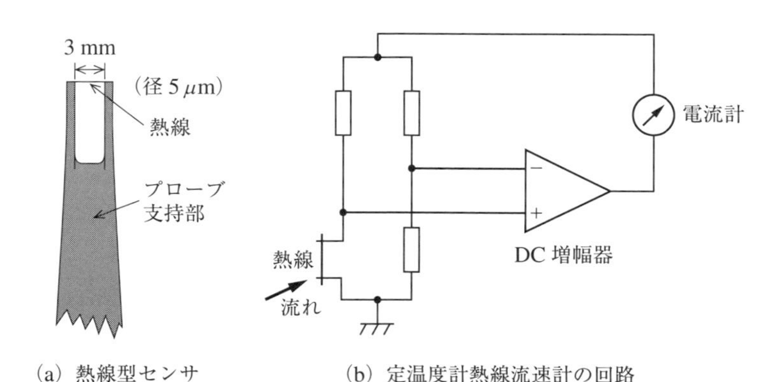

(a) 熱線型センサ　(b) 定温度計熱線流速計の回路

図 6.13　熱線型流速センサ

の変化が熱線の温度を変えないように電流を増加させ加熱量を補い平衡状態を実現する．

図（b）は，平衡状態を自動制御で実現する回路である．熱線が一部を構成するホイートストンブリッジが冷却により温度が低下すると熱線の抵抗が減少し，ブリッジの不平衡が増す．その不平衡電圧を増幅器で増幅し，その出力電流をブリッジに戻すことで，熱線は一定温度に保持される．そこでは，電流の増加量が冷却により持ち去られる熱量に等しい．

長さ L，直径 d の熱線から流体中に伝達される熱量を単位時間に H とすると

$$H = k(T_w - T)L\left[1 + \sqrt{\frac{2\pi\rho C_p dv}{k}}\right] \tag{6.15}$$

ただし，k：熱伝導率，T_w：熱線の温度，T：流体の温度，ρ：流体の密度，
C_p：流体（ここでは気体）の定圧比熱，v：流速

熱量 H は熱線電流 i により熱線抵抗 R に発生するジュール熱量と等しい．

$$H = i^2 R = k_1(T_w - T)L\left[1 + k_2\sqrt{v}\right] \tag{6.16}$$

ただし，k_1，k_2 は定数として式（6.15）は式（6.16）に書き換えられるので，電流から流速が求められる．

この方式は熱線の熱容量が小さいだけでなく，図 6.13（b）の回路構成で熱容量の影響をさらに小さくできるので，流れの変化に早く応答する．したがって，流量を知るよりは物体周囲の気体流れの状況や流れの乱れなどを把握するのに使用される場合が多い．

6.10　質量流量計

体積流量に密度を乗じると管路断面を流れる流体の質量が得られる．合成や燃焼などの化学反応の量的関係を支配するのは質量流量である．密度センサで得られた値を乗じるか，気体の成分が変わらなければ，圧力と温度を求めれば，間接的に密度がわかるので質量流量がわかる．

コリオリ（Corioris）の力を計測原理に応用した**質量流量計**（mass flowmeter）が開発された．

コリオリの力は回転座標系の中で動く物体に働く力で，**図 6.14** に示す構造

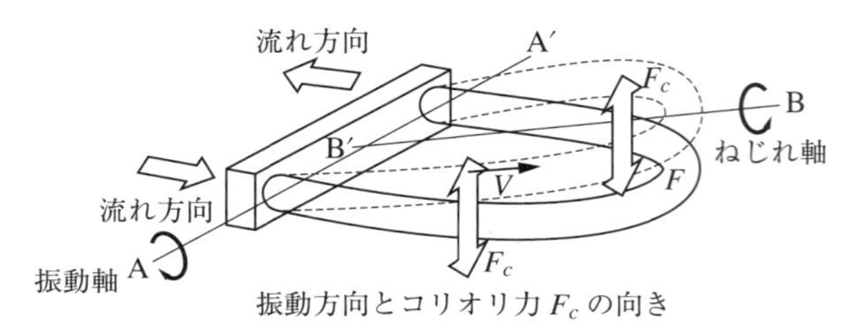

図 6.14 コリオリ質量流量計の原理

である．回転軸に近づいたり遠のいたりする物体に作用する．

図 6.14 で U 字型管の管路が軸 A-A′ の周りに回転振動をしているとき，軸から遠ざかりつつある流体部分では振動を妨げる向きに，近づきつつある部分では振動を強める方向にコリオリ力 F_c が作用する．結果として B-B′ を軸とする偶力が管路に作用するので，管路の振動が上流部分と下流部分とでは位相差を生じる．この位相差は管内を流れる流速と密度との積に比例するので，その位相差を変位センサで検出して質量流量が直接求められる．

この流量計の応用は液体であるが，高圧の気体にも応用が考えられる．

〈 第6章で学んだこと 〉

気体と液体，大流量から微小流量まで，流体の流量を計測するセンシング技術を学んだ．流量センサは流れの性状に構造が支配される構造型センサの典型である．すべての流体の流量を計測できる手法がなく，知られている手法は一長一短であるので，流体の性状に応じて，多くの計測原理が使い分けられている．

練習問題

問 6.1 流速センサにおいて，それが構造型センサの代表例といわれる理由は何か．

問 6.2 口径 100 mm の管路を平均流速 5 m/s で水が流れている．その管路にしぼり面積比が 0.75 であるしぼりを挿入して，その前後の差圧を求めた．

しぼりがベンチュリー管であると仮定して差圧を求めよ．さらに，しぼりがオリフィスで流出係数が 0.6 である場合に差圧はどのようになるか．水の密度は 1 000.0 kg/m^3 とする．

問 6.3　前の問題において，しぼり流量計の代わりに渦流量計を取り付けた場合に得られる渦放出周波数はいくらか．ただし，渦発生体の幅は 25 mm，ストローハル数は 0.15 とする．

問 6.4　前の問題と同じ流体が流れる管路に電磁流量計を取り付けたときに得られる電極の起電力を求めよ．ただし，磁界の強さは 0.01 T と仮定する．

問 6.5　各種の流量計において，共通に流量計の上流と下流の管路に管路内径の数倍の長さの直管部分を設けることが規定されている．その理由は何か．

第７章　固体センサデバイス・半導体センサ

最も基本的な物理量のセンサを第４～６章で説明した．それらのセンサデバイスは，ほとんど構造型と呼ばれるものであった．第７章と第８章においては，物性型センサについて述べる．その代表的なデバイスが半導体センサデバイス（solid-state sensor devices）である．この章ではまず，半導体物性の基礎について説明する．物性の光や磁気あるいは熱などとの相互作用として半導体センサの基本動作を理解することができる．

7.1　半導体物性の基礎

7.1.1　半導体の電気伝導

半導体（semi-conductor）とは金属などの導体と絶縁体との中間の電気抵抗をもつ物質を指す．トランジスタやICなどでは周期表Ⅳ族のシリコン（Si）にⅢ族あるいはⅤ族の元素をわずかに加えたものが使われる．センサではSi以外にⅢ族とⅤ族の化合物や金属の酸化物，たとえばInSbやSnOなども半導体に含まれる．

周期表Ⅳ族の元素は４個の価電子をもつが，それが共有結合を構成し，**図7.1**に示すような結晶構造を構成する．純粋なSiでは，価電子は共有結合に束縛されているが，熱や光により励起されると結晶中を動き回ることのできる**自由電子**を生じ，それが電気伝導の役割を果たす．

また，自由電子が抜けた孔にもほかの共有結合の電子を入れて空孔を埋めることができる．孔は結晶内を移動でき，正の電荷をもつ粒子と同様な挙動を示すので，**正孔**（hole）と呼ばれる．正孔も自由電子と同様に電気伝導に貢献する．しかし，純粋なSiの結晶は常温付近では自由電子や正孔が少ないため電流は流れず，高い抵抗値を示す．このような半導体を**真性半導体**（intrinsic semi-conductor）という．

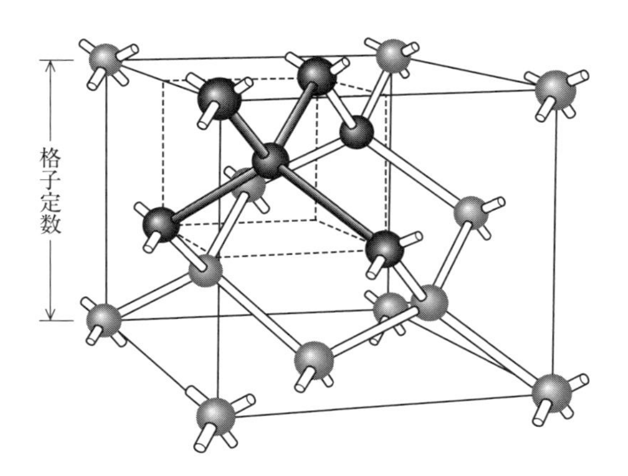

格子定数：立体格子の辺の長さシリコンで 5.43×10^{-7} mm

図 7.1　シリコンの共有結合による結晶構造

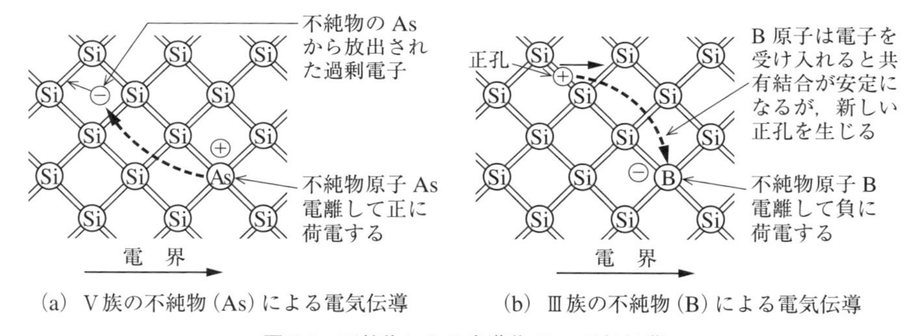

(a)　V族の不純物（As）による電気伝導　　(b)　Ⅲ族の不純物（B）による電気伝導

図 7.2　不純物による半導体 Si の電気伝導

真性半導体にⅢ族かV族の元素を微量加えたものを**不純物半導体**という．ごく微量の不純物の添加が自由電子や正孔の濃度を大きく変え電気伝導が増し，抵抗値を下げる．この機構を**図 7.2** により説明する．Si にV族のヒ素（As）を加えた場合は図（a）に示すようにヒ素の5個の価電子のうち4個は共有結合を形成するが，残りの1個の価電子はは結合力が弱く，共有結合の電子よりはるかに小さいエネルギーで自由電子になり得る．添加したV族の元素の価電子の中の1個は常温でほとんど自由電子になっていて電気伝導に貢献するから抵抗は低い．V族の不純物の添加量を増せば，自由電子が増え，抵抗はさらに下がる．このように不純物から供給される電子により電気伝導が支配される半導体を**n型半導体**，電子を与えるV族の不純物を**ドナー**（donor）と呼ぶ．

図（b）に示すようにⅢ族のホウ素（B）を加えた場合には価電子が1個不足する．この結果，正孔が導入され，それが電界によって動いて電気伝導に寄与する．不純物から供給される正孔によって電気伝導が支配される場合を**p型半導体**といい，Ⅲ族の不純物を**アクセプタ**（acceptor）と呼ぶ．

このように半導体の電気伝導は添加する不純物の量により支配される．Siでは真性半導体の比抵抗は約20 Ω・cmであるが，1 000万分の1の濃度のヒ素を加えるだけで比抵抗は約1万分の1に下がる．

7.1.2　バルクとpn接合

真性半導体はもちろんのこと，n型やp型の半導体に光や熱を加えると抵抗が変化する．磁界を加えても抵抗が増加するのでセンサとして応用できる．このように単一の半導体内部で生じる特性を**バルク**（bulk）特性という．

p型半導体とn形半導体とを接触させてpn接合を作ると，バルクでは見られない性質が現れる．n型半導体の電子はp型領域に，p型半導体の正孔はn型領域へと，それぞれ密度の高いほうから低いほうへと拡散により移動する．この結果，電子を失って正に帯電したドナー原子がn型領域に，負に帯電したアクセプタ原子がp型領域に残り，pn接合間に**図7.3**に示すような電位差

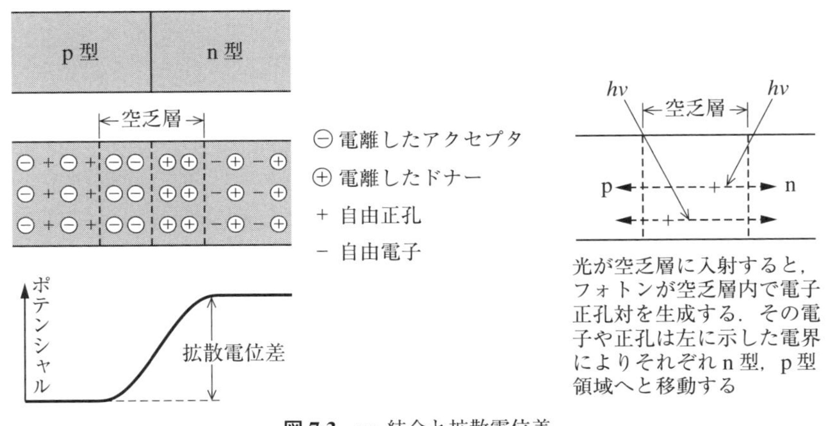

図7.3　pn結合と拡散電位差

を生じる．この電位差形成により，それ以上の電子や正孔の移動が制限され，平衡状態に達する．この電位差を**拡散電位差**という．接合に電位障壁を形成し，接合の境界に電流の運び手であるキャリアがなく，静止したドナーとアクセプタのイオンのみが存在する**空乏層**（depletion layer）と呼ばれる領域が形成される．

pn 接合に外部から直流電圧を加えるとき，n 型領域が正，p 型領域が負となる極性の場合には，前述の拡散電位差に外部からの電圧が加算されて障壁が高くなるため，電流はほとんど流れない．逆に n 型領域が負，p 型領域が正となるように電圧を加えると拡散電位差の障壁が低くなり，さらに電圧を増加すると障壁が消失して電流が急増する．このときの電圧と電流の関係は式（7.1）で与えられる．

$$i_d = i_s \left(\exp\left(\frac{qV}{kT} \right) - 1 \right) \tag{7.1}$$

ただし，q：電子の電荷，V：外部から加えた電圧，k：ボルツマン定数，T：絶対温度，i_d：pn 接合を流れる電流，i_s：飽和電流

式（7.1）において，V が正のとき，すなわち p 型領域が正になる極性で電圧を加えれば，電圧 V に対して指数関数的に電流 i_d が増加する．これが**ダイオードの順方向特性**である．V が負であれば，指数関数の項は 1 に対して無視できるので，i_d は飽和電流 i_s で一定値になる．i_s は熱や光などにより励起される電子や正孔に基づくもので，非常に小さい．これが**ダイオードの逆方向特性**である．

バルク特性として半導体の抵抗は温度や磁界によって変化する．理由は半導体結晶の内部の電界により移動する電子や正孔の電気伝導が熱による格子振動の影響を受けたり，磁界の中ではローレンツ力により走行方向が偏向されるからである．また，バルクの抵抗が半導体に加えられた赤外線や光などの電磁波の影響を受けるのは，真性半導体内部で電子と正孔の対が励起されるためである．

pn 接合の電流も熱や光に影響されるが，空乏層内で電子と正孔の対が励起されるためである．

このように半導体の電気伝導だけをとっても熱，光，磁界などの影響を受け

やすいことが理解されるであろう．これらの性質が半導体を使用した温度，光，磁気センサに応用されるのである．pn 接合の性質はトランジスタを用いた電気信号の増幅に応用されるが，ここではセンサへの応用が目的であるので，深入りしない．関心のある方は参考文献[(1)] などを参照されたい．

7.1.3　半導体中の電子，正孔のエネルギーレベル

気体中の電子のエネルギーは，一定の準位で定まる不連続な値しかとり得ない．しかし，半導体や金属結晶の中では原子が規則的に配列されているので，その周期性により上下に幅をもつ帯状のエネルギー準位となる．このような考えを**バンドモデル**，あるいは**エネルギーバンド理論**と呼ぶ．

このエネルギーバンドのうち，原子核から最も外側にあって電子が充満しているバンドを**価電子帯**（valence band）という．価電子帯にある電子は光や熱などからエネルギーを得ると励起されて電気伝導に寄与する自由電子になる．自由電子のとり得るエネルギーも帯構造であって**伝導帯**（conductive band）という．

これらのエネルギーバンドは互いに分離しており，真性半導体では両者の間に電子のとり得るエネルギー準位がないので，この間を**エネルギーギャップ**，あるいは**禁止帯**という．

図 7.4（a）に示すように，低温下の真性半導体では伝導帯の電子が少ないので，高抵抗である．しかし，温度を上げたり，光を照射したりすると，価電子

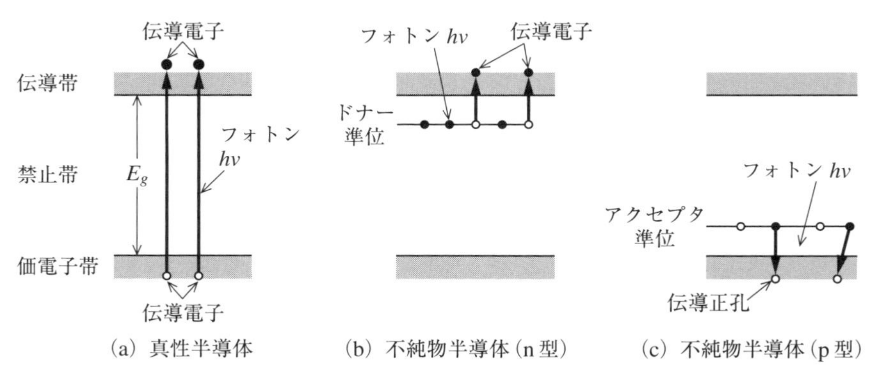

図 7.4　半導体におけるエネルギー帯モデルと光吸収による電気伝導

帯から伝導帯へ電子が励起されて自由電子が増加する．一方，電子が励起された価電子帯には正孔が生じ，これにより抵抗値が下がる．これが前述の真性半導体の電気伝導をエネルギー帯モデルで表現したものである．

n型半導体では図（b）に示すように，伝導帯のすぐ下にドナー準位と呼ばれるエネルギー準位がある．ドナー準位と伝導帯のエネルギー差が小さいことはわずかなエネルギーでドナーの電子が励起されることを意味している．したがって，常温でもドナーがほとんど電離していて，自由電子が伝導帯に多数供給されている．

p型半導体では図（c）に示すように，価電子帯の近くにアクセプタ準位があり，これが電離して常温では価電子帯に正孔を供給している．これらが不純物伝導のエネルギーバンドモデルによる説明である．

次に，半導体の光や熱との相互作用について，エネルギー準位モデルを使って説明しよう．同時にその現象を利用したセンサデバイスについて述べる．

7.2　光センサデバイス

7.2.1　半導体の光吸収と光伝導センサ

光が入射することは，振動数νの波が加わることであると同時に$h\nu$のエネルギーをもつ粒子であるフォトン（photon）が入ってくるとみなせる．ただし，hはプランク定数である．

いま波長λの光が半導体に入射すると，$h\nu = hc/\lambda$のエネルギーが半導体に加わる．$h\nu$がエネルギーギャップ，あるいは不純物準位で定まる電子の電離エネルギーより大きければ自由電子が増加して抵抗が減少する．これが光伝導効果である．

この効果を生じるためのフォトンのエネルギーには下限値が存在し，それが光の限界波長λ_0を定める．これより波長が長いと光伝導効果は生じない．

λ_0は真性半導体では式（7.2），不純物半導体では式（7.3）で求められる．

$$\lambda_0 = \frac{1.24}{E_g} \ [\mu\mathrm{m}] \tag{7.2}$$

表 7.1 真性半導体のエネルギーギャップと限界波長

真性半導体	E_g〔eV〕	λ_0〔μm〕
CdS	2.4	0.52
CdSe	1.8	0.69
Si	1.12	1.1
Ge	0.67	1.8
PbS	0.42	2.9
PbSe	0.23	5.4
InSb	0.23	5.4
$Pb_{0.2}Sn_{0.8}Te$	0.1	12
$Hg_{0.8}Cd_{0.2}Te$	0.1	12

表 7.2 不純物半導体のイオン化エネルギーと限界波長

不純物半導体	E_i〔eV〕	λ_0〔μm〕
Ge：Au	0.15	8.3
Ge：Gu	0.041	30
Ge：Zn	0.033	38
Si：Ga	0.0723	17
Si：Al	0.0685	18
Si：As	0.0537	23
Si：P	0.045	28

$$\lambda_0 = \frac{1.24}{E_i} \quad 〔\mu\mathrm{m}〕 \tag{7.3}$$

ただし，E_g：真性半導体のエネルギーギャップ，E_i：アクセプタあるいはドナーの電離エネルギー

表 7.1 にいろいろな真性半導体の E_g と限界波長 λ_0 を，**表 7.2** に Ge と Si について不純物半導体の E_i と限界波長 λ_0 を示す．ただし，波長の単位は μm で，エネルギーの単位は電子ボルト（eV）で表した．1 eV は真空中の電子が 1 V の電位差がある電界で加速されたときに獲得するエネルギーで，1.602×10^{-19} J である．

光伝導効果を応用して光を検出する半導体センサデバイスが**光伝導センサ**である．ここでは光に可視光だけでなく，赤外線や紫外線も含める．

それぞれの表からわかるように，紫外から可視光の検出に適した材料として可視光の長波長域か近赤外域に λ_0 が存在する材料，すなわち CdS，CdSe などが使われる．光伝導センサの形状を**図 7.5** に示す．灰色の部分が光に反応する部分である．

CdS は分高感度特性が人間の視感度特性に近いので，街路灯の自動点滅やカメラの自動露出装置（AE）のセンサとして広く使われている．**図 7.6** はシャッター速度優先の AE の原理図である．明るさによりセンサの抵抗値が変わるの

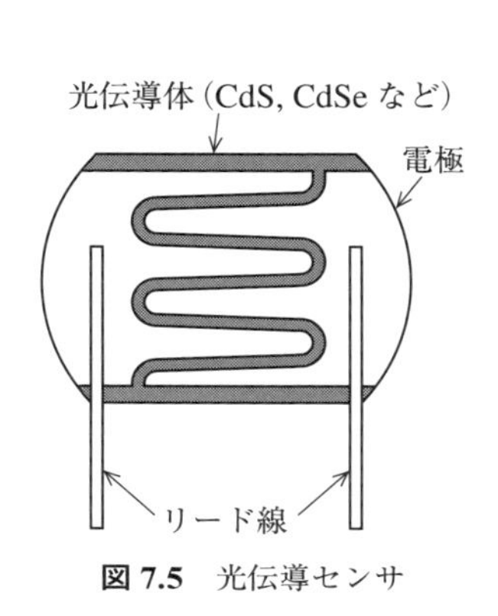

図 7.5　光伝導センサ

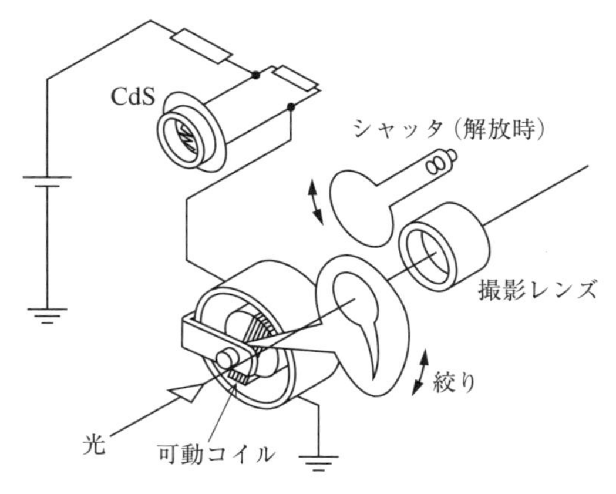

図 7.6　CdS 光センサの AE カメラへの応用例

で，電池からの電流がセンサの抵抗に支配され，磁界中の可動コイルが回転してしぼり量が変化し，最適露出が自動的に得られるようになっている．

近赤外領域では，限界波長が 2.9 μm の PbS が使われる．さらに波長の長い赤外線を検出するには E_g の小さな半導体でなければならず，金属間化合物である InSb，HgCdTe，PbSnTe などが選択される．とくに三元化合物では，Hg と Cd の比を変えると E_g が変わり，0.1 eV 程度にもなるので，波長が 10 μm 以上の赤外線が検出可能となる．

一方，そこまで E_g を下げると，その値が結晶格子の熱振動のエネルギーの値に近づく．熱振動のエネルギーは kT（ただし，k：ボルツマン定数，T：絶対温度）程度であるから，常温 300 K では 0.026 eV となるので，E_g に対して熱振動によるノイズ，あるいは，ゆらぎが無視できない．したがって，このような三元化合物をセンサとして使うときは液体窒素温度（77 K）まで冷却して熱雑音（thermal noise）を抑える．

真性半導体の Si では可視光を検出できない．不純物を加えた Si では，E_i が小さく，常温ではほとんど電離しているので，光伝導センサとしては感度が小さい．遠赤外線センサとしては冷却する必要があるので，Si の光伝導効果は利用されない．

冷却した HgCdTe センサは我々の体表面の温度分布や，地上あるいは海面などの温度分布を計測するのに使用される．

7.2.2 光起電力効果と光起電力型光センサ

7.1 節において述べたように pn 接合には空乏層が存在し，電位障壁が形成される．空乏層では光により励起された電子-正孔対が空乏層の電界により分離され，電子が n 型領域，正孔が p 型領域に移動するので，光による電流 i_l が生じる．またこれにより，**図 7.7** に示す光起電力を発生する．図は pn 接合の電圧-電流特性を示したものであるが，光が入射しない場合には，式 (7.1) で与えられる特性である．光を当てると特性がグラフ下方に移動して i_l がダイオードの逆方向に流れる．すなわち

$$i_d - i_l = i_s\left(\exp\left(\frac{qV}{kT}\right) - 1\right) - i_l \tag{7.4}$$

pn 接合を外部で短絡すると電圧 $V = 0$ であるから，i_l が短絡電流となり，接合を外部で開放したときには式 (7.4) の左辺が 0 になるときの電圧 V_o を開放電圧として発生する．その値は次式で表される．

$$V_o = \left(\frac{kT}{q}\right)\ln\left(1 + \frac{i_l}{i_s}\right) \tag{7.5}$$

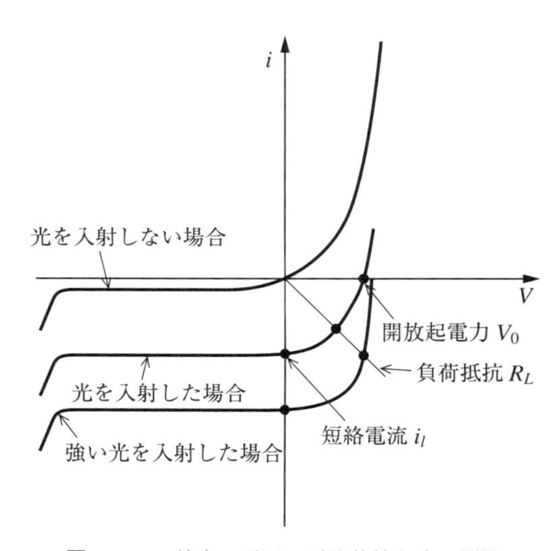

図 7.7 pn 結合の電圧・電流特性と光の影響

この効果を**光起電力効果**（photo voltaic effect）という．空乏層において，光により電子-正孔対が生成されるのは真性半導体と同様であるので，限界波長λ_0はE_gにより支配される．

光起電力効果をもつデバイスは，電源から電力を加えなくても出力に電力を生じるエネルギー変換型のセンサである．したがって，電力を取り出す目的の変換器としても使用される．それが太陽電池である．その場合，図7.7の第4象限の領域，短絡電流と開放電圧との中間で，負荷抵抗R_Lの直線との交点が動作点となる．

光起電力型センサの代表例は**フォトダイオード**である．Siを利用して紫外から近赤外領域までのものが作られている．n型Si基板にアクセプタを拡散してp型Si膜を形成して製作するが，膜厚が薄いほど短波長の感度が高く，長波長側の感度限界は前述のλ_0で決まる．Siフォトダイオードは Si基板上にトランジスタやダイオードなどと集積化できるから，検出した光信号の前処理を1個のチップで実行できる．その一例が7.3節で示すイメージセンサである．

pn接合をもつフォトダイオードは空乏層で発生した電子や正孔がデバイス内を拡散で移動するので，応答速度は遅く，遮断周波数はkHzのオーダである．デバイスの断面と外形を**図7.8**に示す．

p層とn層の間に高抵抗の真性半導体であるi層を設けたpin構造のpinフォトダイオードはi層内の高電界により加速され，応答速度は大幅に改善され，遮断周波数は数GHzに達する．ただし，高電界を実現するためにフォトダイオードに逆方向のバイアス電圧を加えなければならない．

同様に逆バイアス電圧を加えて使用するフォトダイオードにアバランシェフォトダイオード（APD）がある．高いバイアス電圧を加えたp^+pn^+構造で光入射により発生した電子-正孔対がバイアス電圧による高電界で加速され，ほかの電子を励起してさらに新しい電子-正孔対を形成する．この機構により光電流がなだれ（アバランシェ）現象のように増倍されるので，アバランシェフォトダイオードと呼ばれる．APDは感度・応答速度ともに高いので，光通信に使用される．pinフォトダイオードおよびAPDの構造を**図7.9**に示す．

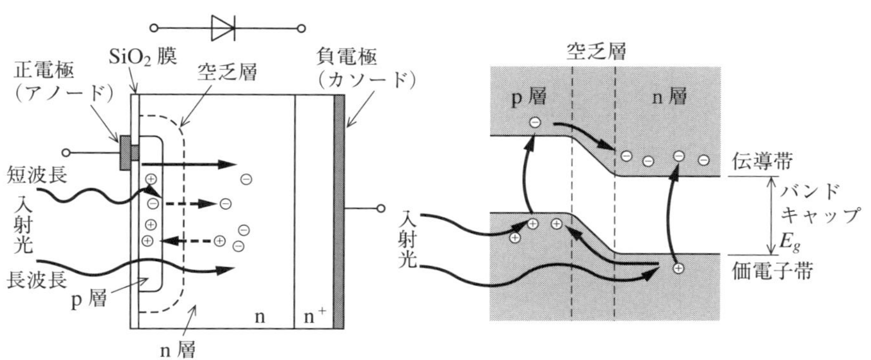

（a）フォトダイオードの断面と pn 接合のエネルギーバンドの状態

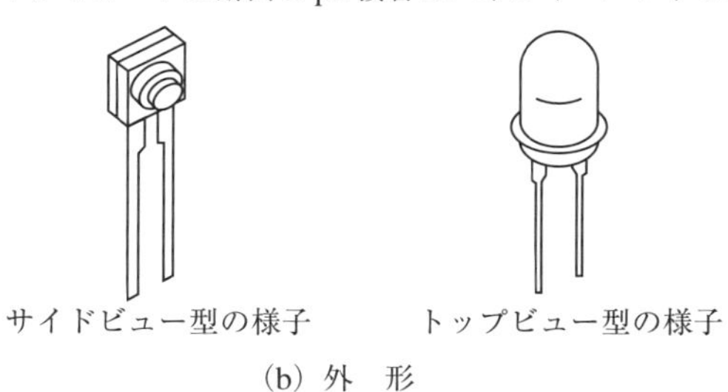

（b）外　形

図 7.8　フォトダイオードの断面と外形

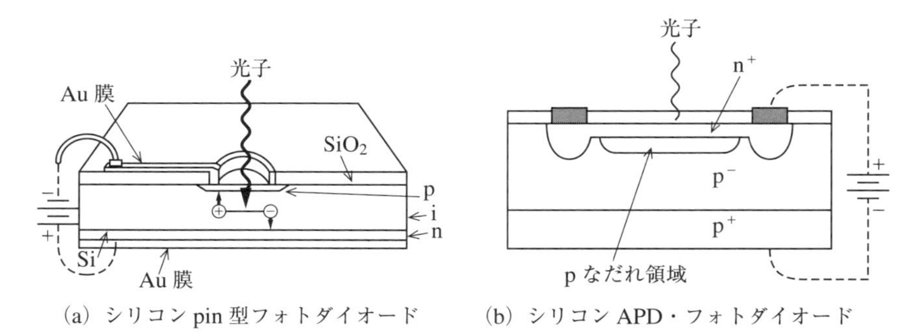

（a）シリコン pin 型フォトダイオード　　（b）シリコン APD・フォトダイオード

図 7.9　シリコン pin 型および APD 型フォトダイオード

7.2.3　熱変換型光センサデバイス

光を物質に吸収させ，それによる温度変化を温度センサで電気信号に変換する．熱吸収を促進するため黒体化したサーミスタ温度センサに光を吸収し，その電気抵抗の変化を出力するセンサを**サーミスタボロメータ**と呼ぶ．感度は高くないが，安定で，光の波長依存性がなく，平坦な分光感度特性をもつ．この特性を利用して既知の直流電力でサーミスタを加熱してセンサの感度を校正し，光やマイクロ波の出力計測を行う．

焦電効果を利用した光センサもある．焦電効果とは強誘電体結晶を加熱したとき，誘電分極を生じ，表面に電荷が発生する現象である．電荷量は温度変化に比例する．このセンサについては圧電効果と関連するので，7.4節で後述する．

7.2.4　光センサの感度と波長依存性

光センサの感度を示す指標として次に示す D_λ^*〔cm・Hz$^{1/2}$・W^{-1}〕が使われる．

$$D_\lambda^* = \left(\frac{S}{N}\right)\sqrt{\frac{\Delta f}{A}}\left(\frac{1}{P_\lambda}\right) \tag{7.6}$$

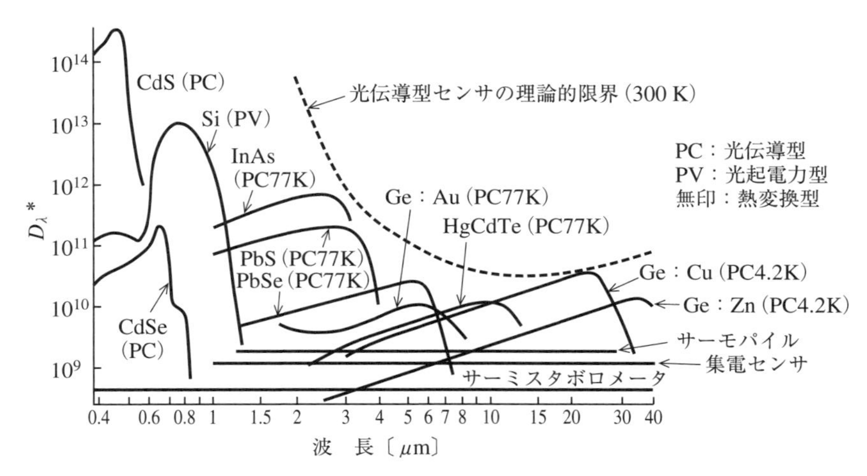

図 7.10　種々の光，赤外線センサの感度特性，波長依存性

ただし，S/N：センサ出力における信号電圧とノイズ電圧との比，Δf：観測する周波数帯域〔Hz〕，P_λ：波長 λ の入射光のパワー〔W/cm^2〕，A：センサの受光面積〔cm^2〕

D_λ^*は大きいほど感度が高い．D_λ^*は S/N が 1 になる入力を目安にし，センサの受光面積と観測する周波数帯域幅で規格化されるので，異なる原理やセンサのサイズなどによらずセンサのよさを比較できる指数である．**図 7.10** では種々の光センサ，赤外線センサの特性を波長 λ と D_λ^*とで示した．冷却して使用するセンサはその温度を併記してある．

7.2.5　光センサの応用例

光センサの応用として光源に発光ダイオード（LED）を用いた**フォトインタラプタ**と呼ばれる装置がある．**図 7.11** に示すように光源の光が透過または反射してフォトダイオードに入射する構造であるが，対象物の有無により入射する光量が変わるので，対象物に非接触でプリンタの紙やインクの量，録画テープの終端などが検出できる．ここで，検出に光を使用することで対象に接触せずに状態が検出できるから，接触により検出対象を傷つけたり，センサの破損を防げる点が特徴である．

図 7.12 は CD に記録されたディジタル信号を読み取るピックアップの原理図である．記録データの読み取りだけでなく，ピックアップの移動や結像レンズの焦点調節なども自動的に行う．この装置では，光源にレーザーダイオードを使用し，受光は応答速度が優れた pin フォトダイオードを使用している．

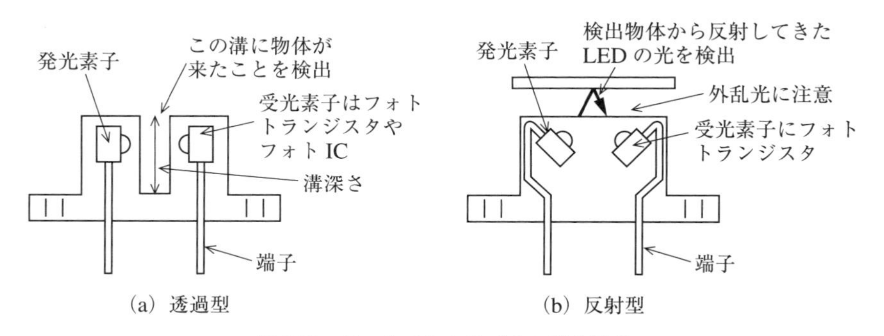

図 7.11　フォトインタラプタの基本構成

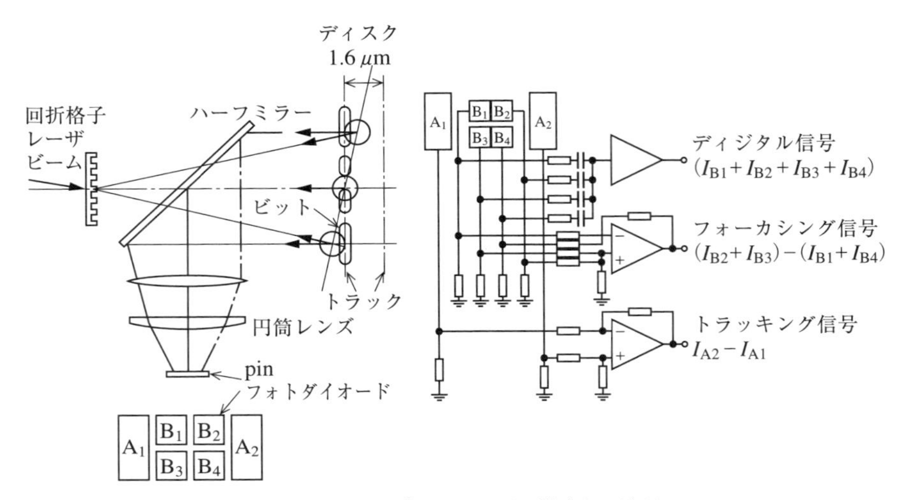

図 7.12　CD用ピックアップの構成と回路例

光源として波長 780 nm の赤外レーザーダイオードが使用され，回折格子を通して直接光とプラスおよびマイナス一次の回折光の3本のビームが，ハーフミラーを通して CD の面を照射し，その反射光をハーフミラーで反射させて6個の素子に配列されたフォトダイオードで検出する．CD の信号が書き込まれた面は光が強く反射する部分と乱反射してしまう部分とが0と1に対応し，それが 1.6 μm の間隔を保つスパイラル状に記録されている．6個のセンサに出力電流をそれぞれ I_{A1}，I_{A2}，I_{B1}，I_{B2}，I_{B3}，I_{B4} とし，読み取るべきディジタル信号を D_s とすると，$D_s = I_{B1} + I_{B2} + I_{B3} + I_{B4}$ と4センサ出力の和となる．

一方，ピックアップがディスク上を移動する位置のトラッキング制御とディスク面の上下方向の変化に対応する対物レンズの焦点調節を行うフォーカス制御の二つの制御は本来の位置からの偏差を検出して，それらをゼロになるように自動制御される．

位置偏差：$\Delta T = I_{A1} - I_{A2}$

焦点偏差：$\Delta F = I_{B2} + I_{B3} - I_{B1} - I_{B4}$

から偏差信号が得られ，これらがゼロになるように位置と焦点の自動調節を行う．このような自動調節方式を**サーボ制御**という．

図 7.12 では，上述のセンサ信号の加算や減算を演算増幅器により実行する

アナログ方式が示されているが，ディジタルで実行するディジタルサーボ方式もある．CD再生装置ではディジタル信号D_sの中に含まれているクロック信号を抽出して，それが正しいクロック周波数になるようにディスクの回転を調整する．そのため，ディスクを回転するモータ速度のサーボ制御を実行する．

7.3　イメージセンサ

画像情報は対象を姿や形，色などで伝えるものであるから，典型的なアナログ情報であった．アナログ情報は記録や伝達がディジタル情報に比べて不利であるため，画像のディジタル化が進んだ．

ディジタル化された画像は画素（pixel）と呼ばれる絵の単位を縦横に多数配列したものである．画素は明るさ，色などが数値化されていて，全体の絵の中の占める位置を数値化された座標で表示する．すべて数値であるから記憶や伝達は容易である．

ところで，私たちに身近な画像はどのくらいの画素から構成されているのだろうか．地上ディジタル放送のテレビ画像は横1 920，縦1 080，合計2 073 600画素である．約200万画素であるので，2メガピクセルと呼ばれている．

画像を作り出す**イメージセンサ**は，フォトダイオードを縦横に配列して対象から光を受け取り，電気信号に変換する．**図7.13**に固体センサデバイスとして，機能の集積度，生産量の規模などの点で代表的なMOS型固体イメージセンサの構造を示す．

レンズなどの光学系により，イメージセンサの表面に結像された対象の像が，2次元に配列されたフォトダイオードの上に結像される．対象の部分の明るさや色の空間的分布に対応した電荷の分布が形成される．像面に構成されたセンサの行列の交点にフォトダイオードとMOS型電界効果トランジスタ（MOSFET）が1個ずつ配置されていて，それが1画素を形成する．

フォトダイオードとMOSFETは図（b）に示すような一体構成で，ソースがフォトダイオードのpn接合に接続されている．対象からの光信号はフォトダイオードで電荷に変換され，ソースのpn接合容量に蓄積される．水平走査回路と垂直走査回路はそれぞれシフトレジスタで，加えられたパルスにより順次オン状態となる．垂直シフトレジスタにより，ある行の MOSFET がすべてオンとなるが，水平シフトレジスタにより 1 個の MOSFET のみが選択され，それにつながるフォトダイオードの出力電荷のみが出力増幅器の入力に接続される．

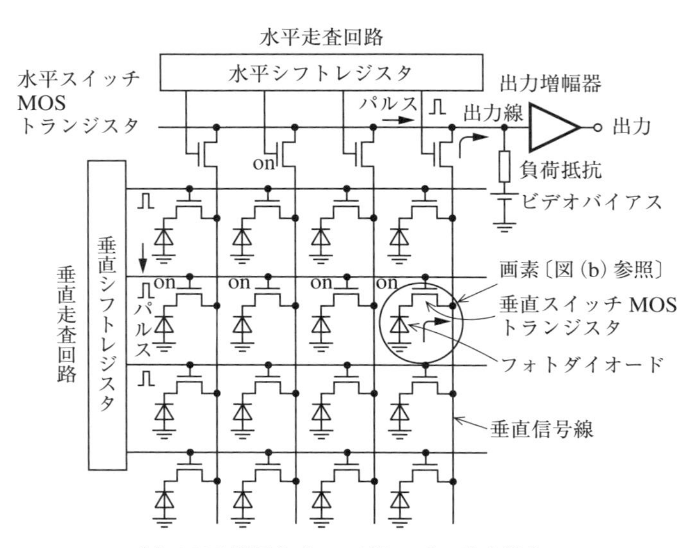

(a) MOS 型固体イメージセンサの基本構成

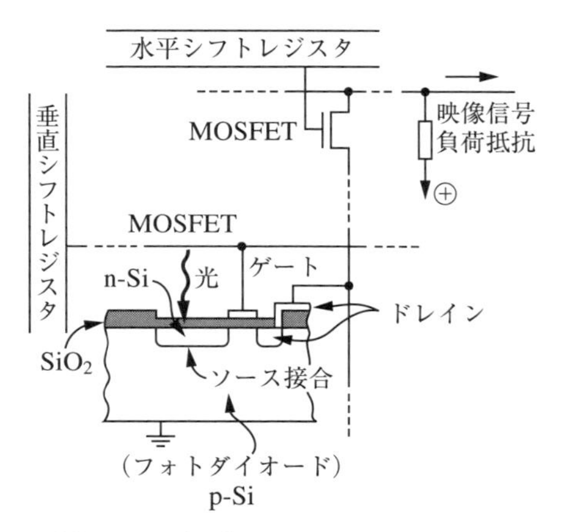

(b) MOS 型固体イメージセンサの 1 画素

図 7.13　MOS 型固体イメージセンサ

このようにして各画素のフォトダイオードの出力電荷が順次走査されて画像を構成するのでビデオ信号となる．キメ細かい高画質の信号を得るためにはきわめて多数の画素を配列せねばならない．高集積度のICデバイスを生産する技術が確立されているおかげで，高画質のイメージセンサが大量に生産されており，1 000万画素を超えるイメージセンサも量産されている．

7.4　磁界との相互作用と半導体磁気センサデバイス

半導体中の電気伝導は光などの電磁波との相互作用でセンサに応用されているが，磁界との相互作用も顕著なものがあり，磁気センサが開発されている．光をはじめ赤外線センサは対象に非接触で検出できる点が活用されたが，磁気センサも対象に非接触で検出できることが大きな特徴である．磁気は光と違い，我々の五感で認識できないので，その性質を利用した磁気マークや磁気カードなどの応用がある．

7.4.1　電流-磁気効果

半導体と磁界との相互作用は**ホール効果**（Hall effect）と**磁気抵抗効果**（magneto resistance effect）とに大別される．

ホール効果は電流と磁界との両方に比例した電界を生じる．磁気抵抗効果は磁界によって抵抗が増加する現象である．

半導体中を速度ベクトル$\boldsymbol{V}$で運動する電子は磁界$\boldsymbol{B}$によりローレンツ力（$\boldsymbol{B} \times \boldsymbol{V}$）を受け軌道が変化する．磁界と垂直方向に電界が作用すると電子は**図7.14**に示すようなサイクロイド曲線を描きつつ運動し，さらに固体中の結晶格子の振動や不純物原子などの影響も受け，電界とある角θをなす方向に進む．この角度を**ホール角**という．もし，正孔の流れに対して磁界が作用すれば，電子の場合と同様だが，運動方向は逆となる．

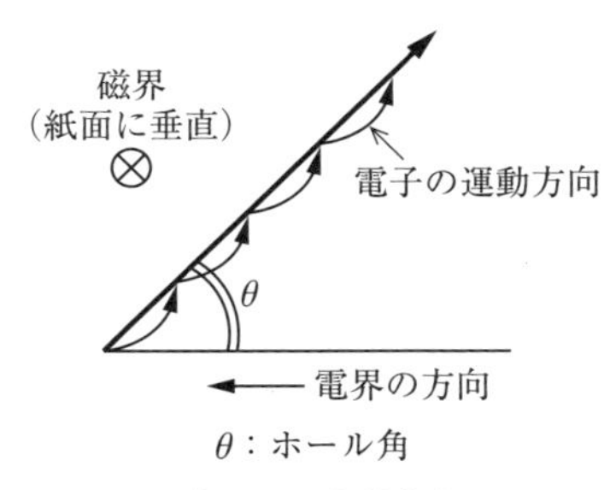

図7.14　磁界中の半導体内における電界と電子の運動方向

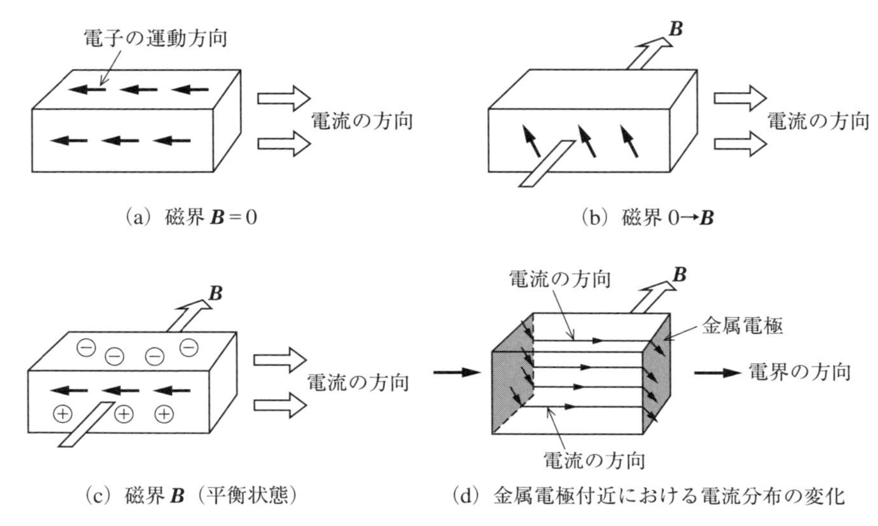

図 7.15　半導体の電流または電子の運動と磁界との相互作用

図 7.14 に示したのは，半導体や磁界に境界がない場合である．実際のデバイスでは両者に制約があるので，**図 7.15** のようになる．

図 (a) は直方体の半導体結晶に電界のみが作用している場合であり，図 (b) は磁界 $\boldsymbol{B}$ が作用した場合の電子の運動方向を示したものである．図 7.14 に示したように，ホール角の分だけ電界と異なる方向に動く．

電子や正孔は結晶の境界から外へ流出できないから結晶の一方の面に電荷として蓄積される．一方で反対方向には不足状態が生じる．その結果，電位分布が生じ，それがホール角方向の運動を抑制するので，図 (c) に示す平衡状態に達する．それがホール効果であり，電流と垂直方向に生じた電位差がホール起電力である．

次に図 (d) に示すように，電流を流すために，半導体両端に半導体より抵抗が低い金属電極がある場合には，磁界 $\boldsymbol{B}$ を加えたときに電極付近で電流の方向が曲がる．この理由は金属電極に対して電界が垂直でなければならないために電流がホール角の分だけ曲がるためである．

このようにホール起電力による電界や金属電極の存在が電流の経路の増加をもたらし，抵抗が増加する．これが磁気抵抗効果である．このように2種類の電流-磁気効果は現れる結果が異なるために別の現象に見えるが，本質的には同じ現象である．すなわち，電子や正孔の磁界との相互作用が電流に対して横方向に現れたのがホール効果であり，縦方向に現れたのが磁気抵抗効果なのである．

7.4.2　ホール磁気センサ

図 7.16 に示すように半導体に一組の電流電極とそれに直交した電圧電極を取り付けたデバイスを**ホール磁気センサ**と呼ぶ．**ホール素子**とも呼ばれる．通常電流および電圧の双方に直交するように磁界が加えられる．いま，磁束密度を B〔T〕，電流を I〔A〕，センサデバイスの厚さを d とすると電圧電極に発生する電圧 e は

$$e = R_{\mathrm{H}} \frac{B \times i \times \sin\phi}{d} \tag{7.7}$$

ただし，R_{H} はホール定数で材料により固有の値をとる．また，ϕ は電流と磁界とのなす角である．

式 (7.7) から明らかなようにホール起電力はデバイスの厚さに逆比例するから，厚さ d が小さいほど大きな出力が得られる．材料としては Ge や Si よりはⅢ族Ⅴ族の金属間化合物である InSb や GaAs などの薄膜が使用される．

ホール磁気センサは磁界の方向が識別でき，強さに比例する出力が得られるので，磁界の計測だけでなく，磁界の検出にも大量に使用されている．特に対象に非接触で検出できる特徴を生かして，磁界を介して回転する対象の位置や角度を検出するアナログ的用途，たとえば，直流モータの整流子とブラシを省

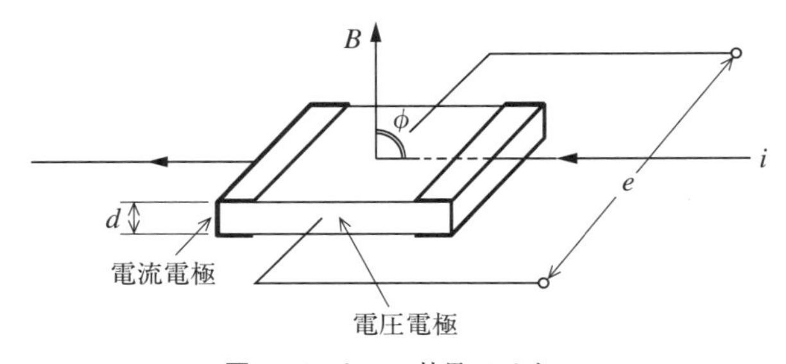

図 7.16　ホール効果デバイス

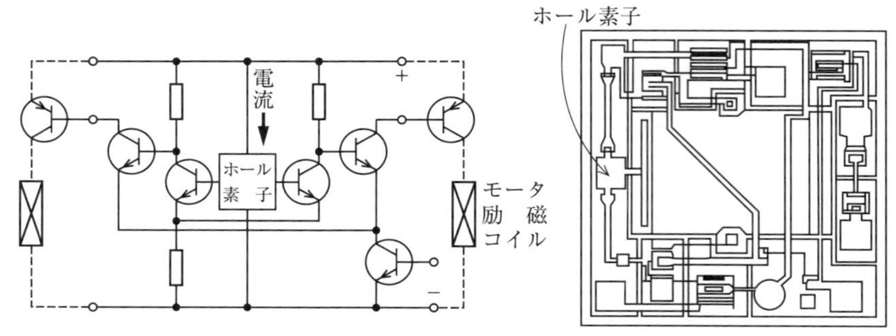

ホール素子出力を増幅してブラシレスモータのステータ電流を制御する回路が1チップ化されたIC．右はICの回路パターン

図 7.17　磁気センサ IC（Phillips による）

略したブラシレスモータの回転子の制御において，回転子の角度を検出して固定子の電流を制御して所定の速度に保持する用途で，安定なディスクの回転やビデオテープの送りを実現する．

図 7.17 は上記の用途に使用される集積回路で内部にホール磁気センサを内蔵し，その出力を増幅して出力でブラシレスモータの固定子に流れる電流を制御する．

7.4.3　磁気抵抗型センサデバイス

磁気抵抗効果は電子や正孔の進行方向が磁界により曲がり，経路が長くなるために抵抗が増加する現象である．磁界が弱いと抵抗の変化は磁束密度の2乗に比例し，磁界が強くなると磁束密度に比例する．抵抗の増加率はデバイスの形状に強く依存する．

図 7.18 はセンサデバイスの形状による影響を示したもので，デバイスが円盤状で中心軸方向に磁界，半径方向に電流が流れる場合に抵抗増加率（R_B/R_0，ただし，R_B：磁気抵抗効果によって変化した抵抗，R_0：初期抵抗）が最大となる．このデバイスを**コルビノディスク**と呼ぶ．デバイスの形状が長方形の場合，電極の幅に比べてデバイスの長さが短いほうが増加率は大きい．図 7.15（d）に示したように方向の偏向は電極の近くで大きいためである．コルビノディスクは電極の幅が無限に大きい場合に相当する．

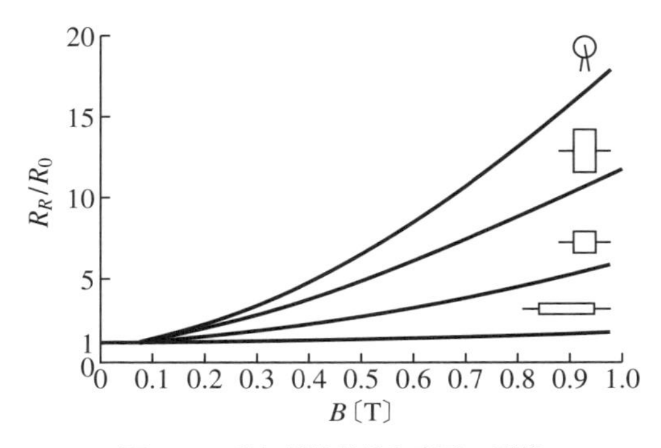

図 7.18　磁気抵抗効果と素子の形状

円盤状のデバイスは実用的ではないので，長方形のデバイスで，**図 7.19** のように電極の間に電位を等しくするための短絡電極と呼ばれる導体を複数設け，電界と直交するように配置すると走行径路がホール角となるので感度が向上する．

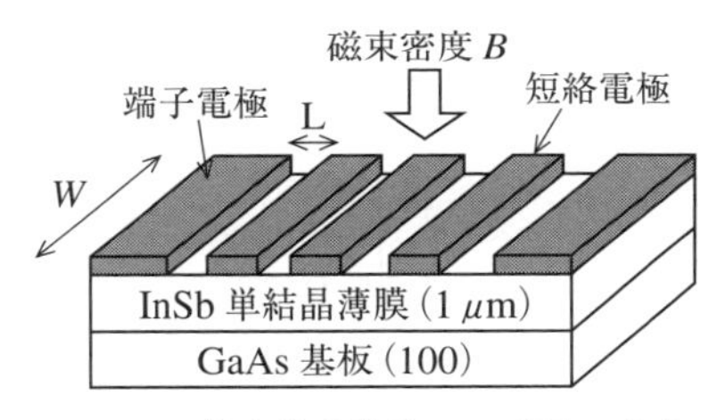

図 7.19　化合物半導体 MR 素子の基本構造[(3)]

磁気抵抗効果は抵抗変化と磁界とが比例せず，また，磁界の方向を検出できないためにホール磁気センサとは異なる用途で使用される．たとえば 1，0 のディジタル信号を読み出すような用途で，ハードディスクの読取ヘッドや磁気カードのデータの読取りなどに多数使用されている．

磁気抵抗型磁気センサには，さらに感度を改善した巨大磁気抵抗センサ，トンネル磁気抵抗センサなどがある．

7.5　固体温度センサ

7.5.1　サーミスタ

半導体と熱との相互作用を利用した固体温度センサがあり，これを**サーミスタ**（thermistor）と呼ぶ．半導体がセンサとして使われるためには特性が解明されているだけでなく，量産してもよい精度で特性を再現できる生産技術が確立していなければならない．物性物理学や材料管理技術の進歩のおかげで安定な特性を持ち，大量生産できるセンサデバイスがセラミックスの温度センサとして実現した．セラミックスの電気的性質として導電性と誘電性とがある．サーミスタはセラミックスの導電性の温度特性を利用したセンサである．後述するガスセンサとともに，セラミックスを材料としたセンサを代表する．

サーミスタの導電性は半導体の不純物電気伝導であり，伝導電子による伝導が主体のn型と，正孔が主体のp型とがある．温度が上がった際に抵抗が減少するタイプと抵抗が増加するタイプがあり，前者は**NTC**（negative temperature coefficient），後者は**PTC**（positive temperature coefficient）と呼ばれ，使い分けられている．

半導体の電気伝導は電子や正孔の密度とそれらの動きやすさ（モビリティ（移動度）と呼ばれる）との積で決定する．一般に価電子帯よりは伝導帯の幅が広く電子は動きやすい．すなわち，モビリティはn型がp型よりも大きい．そのため，同じ導電性を得るには正孔の数が電子の数より多くなくてはならない．

電子や正孔の数は温度のほかに表面の状態により，特に物質の吸着によって影響を受ける．次章で述べる可燃性ガスセンサでは，表面の影響に対し，吸着が支配的なものがよい．逆に，温度センサは表面の影響が少ないものがよい．一般に正孔の数が多いp型のほうが吸着の影響が少なく，温度センサに適している．n型はガスセンサに向いている．

サーミスタの材料としては，NiO, CoO, MnOなど金属酸化物を主成分とし，空気中で吸着などの表面の影響を受けにくいものが選ばれる．

NTCサーミスタの抵抗と温度の関係は次式で与えられる．

$$R = R_0 \exp\left[B\left(\frac{1}{T} - \frac{1}{T_0}\right)\right] \tag{7.8}$$

ただし，R：温度T〔K〕における抵抗値，R_0：温度T_0〔K〕における抵抗値，B：サーミスタ定数と呼ばれ，温度の次元をもち，材料により異なる．サーミスタ定数は2 000～5 000 Kの材料が多く使用される．T_0は0℃か常温（20℃前後）が選ばれる．

サーミスタの特徴は温度変化に対する感度が高く，小形なことである．式（7.8）より T 付近の抵抗の温度係数を求めると

$$\left(\frac{1}{R}\cdot\frac{dR}{dT}\right) = -\frac{B}{T^2} \tag{7.9}$$

$B = 3\,500$ K，$T = 300$ K（27℃）とすると，負の温度係数 −3.88%/K となる．純粋な金属の抵抗温度係数は，たとえば白金線の温度係数では 0.39%/K であるから，約 10 倍高感度である．しかも，サーミスタは半導体であると同時にセラミックでもあるので，比抵抗が高く，小さなデバイスの抵抗が数 kΩ から数十 kΩ となる．そのため，電子回路と組み合わせやすく，小形であるため熱容量が小さく，応答が早い特徴をもつ．温度センサは対象に接触して熱平衡に達して温度を計るので，熱容量が小さいことは計測によって対象の状態に及ぼす影響が小さいことを意味する．

表面の影響が小さい材料を選んでも，高温になれば無視できない．高温下で長期間使用すれば劣化にも関係するので，サーミスタ温度センサはガラス膜を被膜したものを使うことが多い．外形の一例を**図 7.20** に示す．

以上で述べた NTC サーミスタ温度センサは小形で感度がよい特徴を利用されて電子体温計，エアコン，電気毛布，自動車の冷却水温度など，300℃を超えない身近なところで多数使用されている．

PTC サーミスタは温度による材料の相転移を利用したデバイスである．チタン酸バリウム（$BaTiO_3$）に微量の Y_2O_3 などを加えた材料は，常温では NTC サーミスタであるが，約 100℃を超えると急激に抵抗が増加する．この増加の正の温度係数は非常に大きい．

このデバイスに電流を流して加熱すると，温度係数が正に変わる温度より少

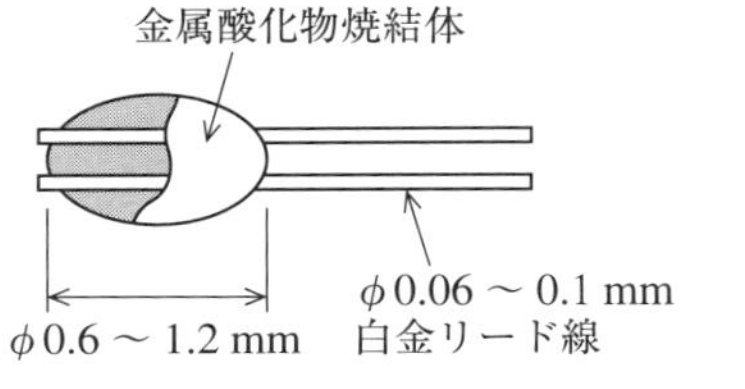

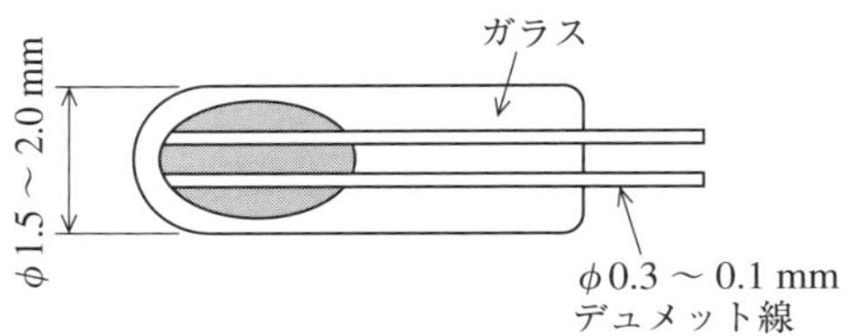

図 7.20　サーミスタの外形と構造

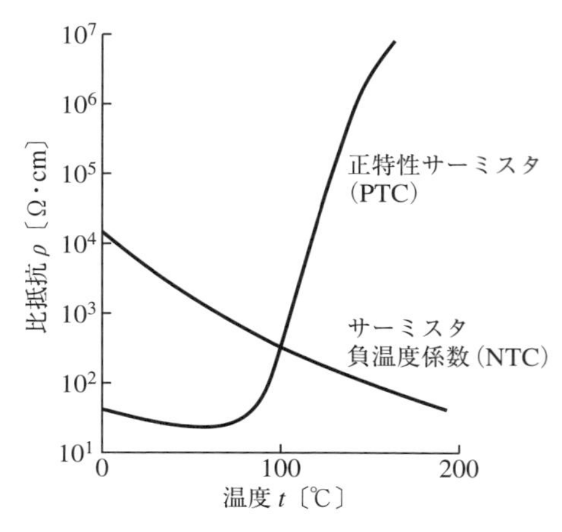

図 7.21　サーミスタの特性例

し高い温度で抵抗増加により電流が制限され，それ以上の温度にならない．すなわち，温度のセンサであると同時に一定温度に制御されるヒータとなる．この現象はチタン酸バリウムの結晶の相転移によるものであるが，バリウム（Ba）の一部をストロンチウム（Sr）や鉛（Pb）で置き換えることで転移温度を－100℃～＋400℃の範囲で変化させることができる．PTCサーミスタは電子ジャーの保温用に使用されるが，格子状に成型したものが定温度の温風が得られるドライヤーなどにも使われる．

この特性をNTCサーミスタの特性とともに**図 7.21**に示す．横軸は温度であるが縦軸が比抵抗の対数であることに注意されたい．

PTCサーミスタと同様に温度による相転移を利用した**感温フェライト**がある．常温では強磁性体であるが，キュリー温度以上では相転移により磁気特性が変化するので，過熱を防ぐスイッチとして使用される．センサとアクチェータの性質を物性により実現させている点が有用である．Mn・Cu，Mn・Znフェライトが使用される．

7.5.2　pn 接合温度センサ

次章で述べる熱電対と類似した原理の半導体温度センサとしてpn接合の温度依存性を応用したセンサがある．Siダイオードやトランジスタのベース・

エミッタ接合の順方向電圧降下が－2 mV/K の温度特性をもつことを利用する．150℃以下ではかなり優れたセンサである．詳しくは次章 8.5.1 項を参照されたい．

7.5.3 焦電効果を利用した温度センサ

焦電効果は，誘電体に温度変化を与えたときに表面に電位を発生する現象である．すなわち，セラミックスの誘電性の高い温度依存性を利用して，比較的低温度の物体の温度計測や体温を利用した人間近接センサに使用される．材料にはタンタル酸リチウム（$LiTaO_3$），硫酸グリシン（TGS），PZT，$PbTiO_3$，有機高分子材料であるポリフッ化ビニリデン（PVDF）などが利用されている．

赤外線を温度変化に変えているので，波長依存性がない点が使いやすい．ただし，発生する電荷は電流として取り出せない程度に微弱であるので，入力抵抗が非常に高い FET により増幅して電流として出力する．通常，焦電効果を呈する誘電体と FET とが一体としてデバイスとなる．この効果は温度変化の過渡現象を利用するので，連続計測に使用するには赤外線を断続させる手段が必要である．焦電効果を利用したセンサの形状と FET による増幅回路を**図 7.22** に示す．

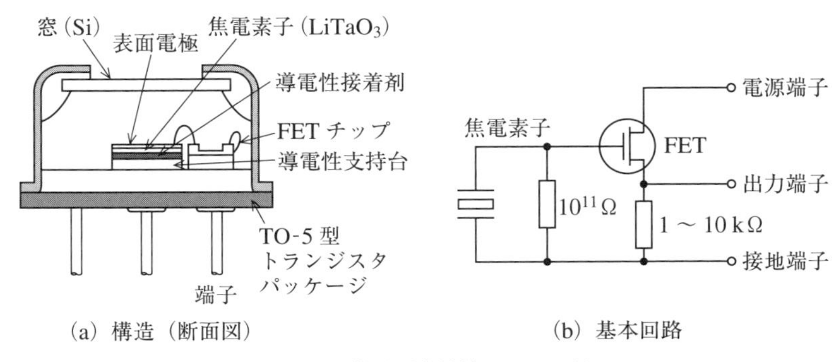

（a）構造（断面図）　（b）基本回路

図 7.22 焦電型赤外線センサの例

7.6　固体圧電センサ

7.6.1　圧電と電歪現象

誘電体の結晶にひずみ，または応力を加えると，それに比例して電気分極が生じる効果を**圧電気直接効果**，逆に電界を加えたときにひずみ，または応力が生じる効果を**圧電気逆効果**という．

誘電体において電界を加えると電束密度（電気変位）の2乗に比例するひずみが発生するが，これを**電歪**といい，強誘電体において顕著に現れる．

7.6.2　圧電型超音波センサ

水晶やニオブ酸リチウムなどの単結晶を板状に切り出して，**図7.23**のように金属電極を付けたデバイスが**圧電型超音波センサ**である．電極に交流電圧を加えると振動して超音波を発生する．逆に超音波をデバイスに加えると電極間に交流電圧を発生するので，超音波センサや発振器となる．圧電気直接効果，逆効果の応用である．

超音波とは一般には可聴音域（20 Hz～20 kHz）より高い周波数をもつ音響波を指すが，音声，音楽などを伝えない可聴音域の波動を超音波ということが

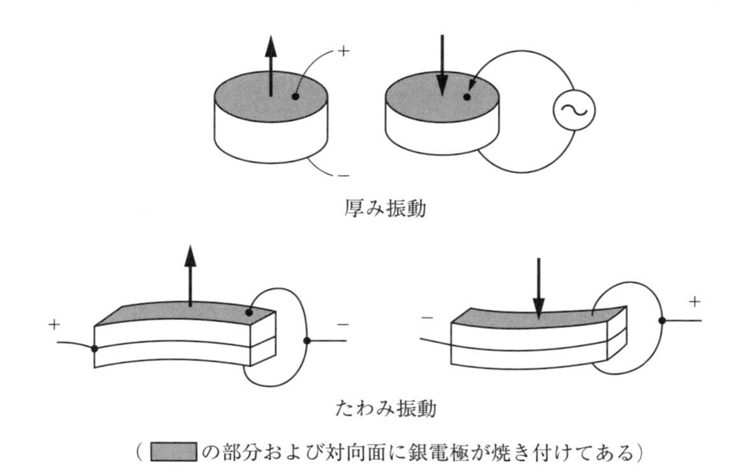

図7.23　超音波受波器，送波器用振動子

ある．

結晶の振動モードにはいろいろあるが，厚み振動モードとたわみ振動モードが使われることが多い．それぞれの共振周波数では感度が高いが過渡特性がよくない．パルス波を送受信する場合には，振動子の背後に共振の減衰をさせる材料を充てんして使用して周波数特性を平坦に近づけるが，感度は低下する．

また，チタン酸バリウムやジルコン酸鉛など強誘電性を示す材料を図 7.23 のように加工し，キュリー点以上に温度を上げてから直流電圧を加え分極した後，冷却すると分極が保持される．電歪現象は電束密度の 2 乗に比例するので，一定の直流バイアス電圧を加えて，一次の効果として使用する．

7.6.3 超音波センサの応用

超音波は電磁波より伝搬速度が遅く，10^{-5}～10^{-6} 程度であるので，1 個のデバイスで送波と受波とを兼ねることができる．自動車の後方の障害を検出するバックソナーはパルス波を発射し，反射波から後方の死角にある障害物を検知する．

また，我々が直接見ることが不可能な身体の内部の臓器を可視化するのが医用超音波映像装置である．この応用では，臓器の画像を得るのが目的であるため，1 個の送受波器だけでなく，複数の小さな振動子を列状に配列した**図 7.24** のようなセンサアレイを使用する．

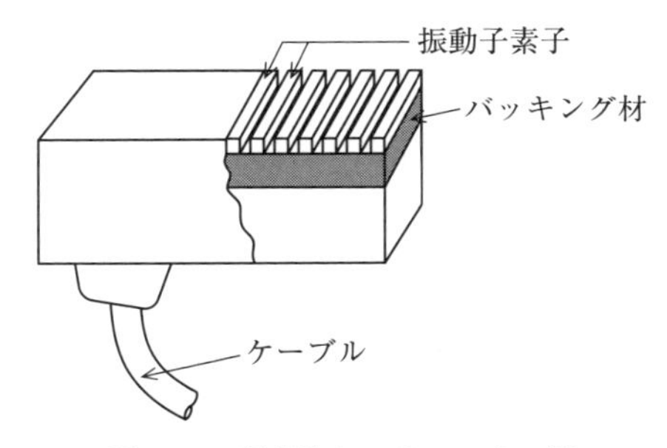

図 7.24 超音波センサアレイの例（医用超音波映像装置用）

送信される波は電気信号が加えられた素子が発射する波面を合成した波面をもつ．**図 7.25** に示すように，電圧を素子に加える時刻を素子によって少しずつ変えて与えると，波面の方向や形状を変化できる．時間遅れの配分を変化させてビーム状の方向を変えたり，特定の点に集中させたりすることができる．逆に一定の方向から来る反射波や一点から出た波のみを捉えることもできる．このように，機械的にセンサアレイを動かさずに，検出する点の方向や位置を電子的に制御する電子走査方式が

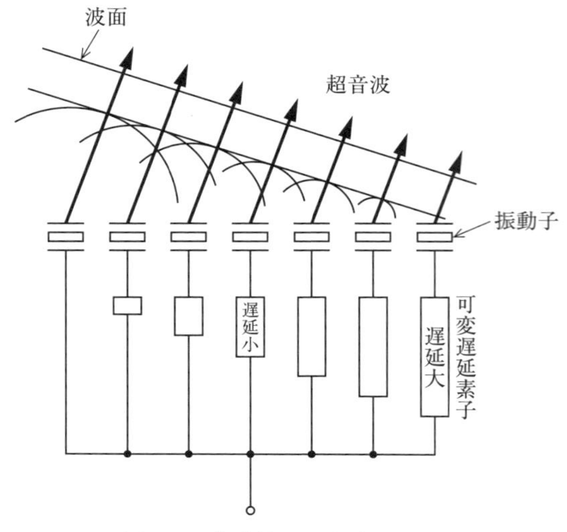

図 7.25　超音波フェイズドアレイ

医用映像装置に使われている.

7.6.4　アコースティック・エミッション（AE）へ応用

固体材料や構造物の健全性を破壊に至る前に知りたいという欲求が強い.

超音波探傷とアコースティック・エミッションはその期待に応える技術である.

超音波探傷は送波器から超音波信号を発信し，その反射波から内部の傷や剥離などの異常を検出するもので，前項に述べた医用映像装置と基本的には同じである．ただ，材質が固体で人体と音響特性が異なるから，使用する周波数や送波器受波器などの構造が異なる.

アコースティック・エミッション（Acoustic Emission）は塑性変形や亀裂などの前駆現象として放出される超音波パルス波で，固体が変形したときや，内部で破壊が起きるときに解放されるエネルギーにより発生する弾性波とされている．構造物の異常検出や耐圧テスト時などの際に故障予知に利用される．傷や剥離などの破壊を事前に検出する．探傷と異なり，超音波の送波器を使用しないかわりに，発生源の位置を推定するために2個以上の超音波センサを使用して受信し，時間差に関する信号処理により発生源の位置を推定する．

7.7　微細加工技術

半導体デバイスや集積回路の生産技術として，開発された**微細加工技術**（**マイクロマシニング**）は，加工位置を設計で選択したフォトリソグラフィーや拡散，成膜技術を活用して微細な 3 次元形状の構造体やデバイスを大量生産してきた．その技術を拡張してセンサデバイスの生産に活用することが実現されて，センサの生産に大きな革新をもたらした．

シリコンの物性を十分に活用する上に，もともとリソグラフィーは印刷技術に源を発しているから，同一の形状のデバイスを大量に生産できる技術である．リソグラフィーや拡散，成膜技術などは印刷と同様に複雑でも同一のものを再現できる．構造型センサの特徴をセンサにもたせることを可能とし，かつ大量生産が可能なので，構造型センサと物性型センサ両方の特徴をあわせもつセンサの大量生産を可能とした．この微細加工技術が大きく貢献するのは本章で述べた固体センサの生産である．

7.7.1　リソグラフィー技術

リソグラフィー技術は，印刷技術からデバイスの生産技術に発展した．センサデバイスや回路のパターンを設計し，それをマスクパターンとしてシリコン

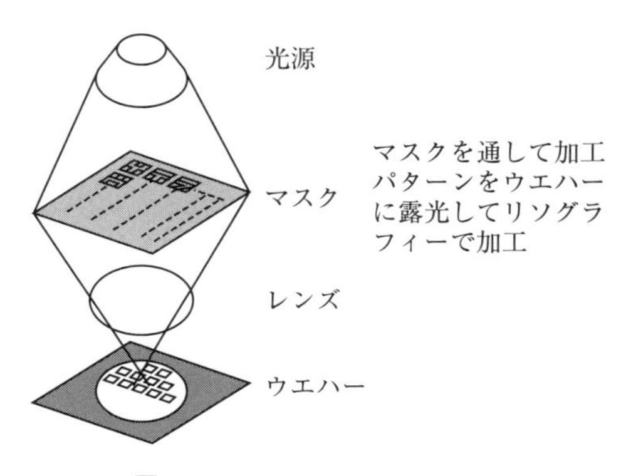

図 7.26　フォトリソグラフィー

結晶のウエハー表面に露光し転写する．転写には**図 7.26** のようにレンズなどの光学系を通す場合と，原図のマスクパターンを対象のウエハー表面に密着させて直接露光転写する場合もある．そのほか，電子ビームを操作してウエハーの対象表面にパターンを一筆書きのように描く場合もある．対象のウエハー表面にはあらかじめレジストが塗布されていて，露光転写後エッチングを行うと，化学反応で露光された部分のレジストが溶け去るので，マスクにより選択された部分のみの選択的な加工が可能となる．

7.7.2 選択的加工プロセス

選択的な加工として，エッチングによる形状加工，n 型不純物や p 型不純物の拡散による pn 接合作成，センサデバイス作成，金属メッキ加工などが可能になる．このプロセスを多数回繰り返すことで，半導体表面にセンサ，トランジスタ，ダイオードなどのデバイスや抵抗，コンデンサなどが作られる．また，選択的めっきにより，これらを接続する回路も作られる．

このような過程で集積回路（IC）が製作されるのであるが，この技術を活用してセンサや信号処理回路が製作される．非常に多数のフォトダイオードを光センサとした画像センサなどの大量生産に適している生産技術である．**図 7.27** に，選択的加工を繰り返して圧力センサを作成する実例を示す．

図 (a) は結晶軸（100）を表面にもつシリコン基板上に窒化シリコン（Si_3N_4）の薄膜を形成し，その上に図 (b) の多結晶シリコン（ポリシリコン）膜を選択的に作成する．それがひずみゲージとなる．図 (c) では選択的にエッチング液を導入する孔をあける．図 (d) では窒化シリコン膜の下層であるシリコン基板がエッチングにより部分的に溶解され，空洞が作成される．エッチングの進行速度が結晶軸方向によって異なるのを利用して部分的空洞ができる．これを選択的エッチングという．図 (e) が最終的な姿で，エッチング速度の遅い結晶面からなる角錐状の空洞ができる．以上述べた選択的加工プロセスは工程ごとに選択場所や形状が異なるので，リソグラフィー技術を利用してマスクによる転写と加工指定を繰り返す．

図 7.27 左が完成した圧力センサを示している．微細加工技術により窒化シリコンの膜が圧力センサの圧力を感じるダイアフラムとなり，その上に形成さ

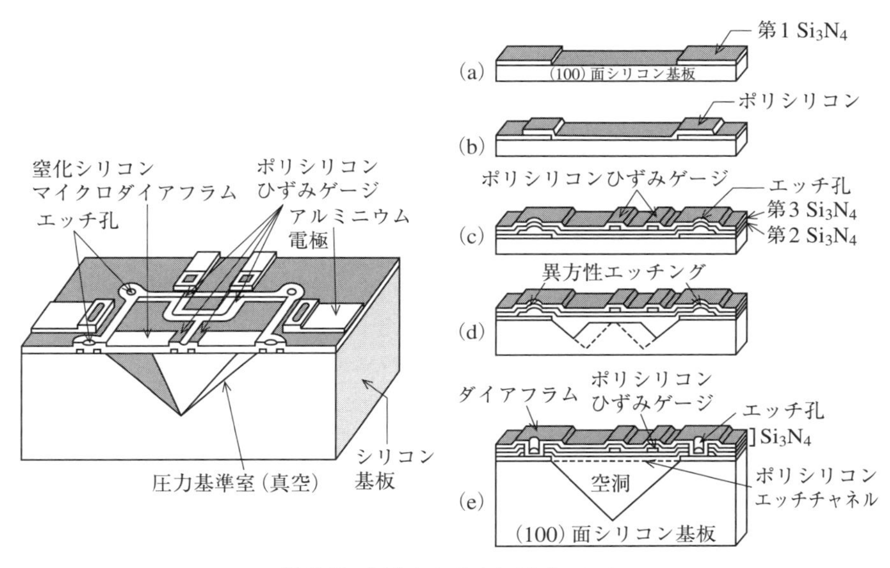

図 7.27　圧力センサの加工プロセス

れたポリシリコンが圧力を電気信号に変換するひずみゲージとなる．空洞部分は絶対圧力を変換するときは真空とする．ひずみゲージを接続する回路や外部への電気接続を行う電極端子がアルミで形成されている．圧力を計測する気体はエッチ孔から導入される．

第 7 章で学んだこと

ここでは半導体センサデバイスを中心にして半導体物性の基礎を復習し，光や磁界，熱との相互作用で成り立つ物性型センサの動作を理解した．典型的な応用例についても学んだ．さらに，誘電体やセラミックスの物性を利用した固体センサの原理と応用についても学んだ．

練習問題

問 7.1　フォトダイオードに光を照射したときに得られる開放電圧と短絡電流を求めよ．

問 7.2　シリコンの太陽電池において，負荷抵抗が与えられた場合，得られる電流はどのように求められるか．

問 7.3　InSb を用いたホール磁気センサにおいて，ホール係数が 200 V/(A·T)，センサ厚さが 0.05 mm に直流電流 10 mA を流して出力が交流 60 Hz で最大 10 mV が得られた．このときのセンサにかかる磁束密度を求めよ．

問 7.4　微細加工技術と印刷技術との共通点を挙げよ．また，主な相違点は何か．

問 7.5　超音波探傷とアコースティック・エミッションの共通点と相違点とを述べよ．

第８章　温度計測と温度センサ

温度は我々の生活や環境にとって最も重要な量であるから，その正確な計測が必要である．すべての物性は温度の影響を受けるから，温度センサは典型的な物性型センサでもある．温度計測にはセンサが対象と接触して同じ温度になり出力を発信する接触センシングと，対象には非接触で放射から温度を推定する手法がある．

8.1　温度計測の方式：接触方式と非接触方式

前章では物性型センサの原理や構造を述べたが，それらのセンサを応用した物理量の計測手法については詳しい説明をしなかった．その理由は，物性型センサは応用範囲が広く，それを利用した計測手法との間の相互関係が希薄であったからである．

一方，構造型センサは，一つの計測手法に応じて最適の構造が選択され，設計されるから，応用される計測法との関係が密接である．したがって，最初に計測法を示し，利用されるセンサを系統的に説明することができた．第６章の流速・流量のセンサが典型例である．

物性型センサの中で，温度センサは例外で，最初に計測手法を示し，それを実現するセンサを系統的に説明できる．その理由は，温度は最も広く物性に影響を及ぼす物理量で，温度センサと計測手法には長い間の多くの研究の知見が集積されているからである．

温度の計測法は接触法と非接触法とに大別される．計測法によりセンサの原理や構造が大幅に異なる．接触計測法では，センサが対象に対し機械的に接触し，両者が熱平衡状態，換言すれば等しい温度になるようにしてセンサの温度を読む．一方，非接触計測法では，対象が放出する熱放射を計測して熱放射源の温度を推定する．本項では最初に接触型を，次に非接触型について述べる．

接触型温度計には熱電型，抵抗型，熱膨張型がある．熱電型は高温度の，抵抗型は比較的低温の計測に適している．熱膨張型は水銀やアルコール温度計として身近な存在であるが，バイメタルを除いてセンサとして使われることは少ない．

8.2　熱電温度計とセンサ

8.2.1　ゼーベック効果と熱起電力

2種の異なる組成の金属線を接続して閉回路をつくり，2種の金属線の接続点の温度を変えると熱電流が流れる．この現象はゼーベック（T. J. Seebeck）が発見したので，**ゼーベック効果**と呼ばれる．**図8.1**に示すように金属AとBからなる閉回路を1か所で切り開くと，熱起電力が切り開いた回路の両端に生じる．熱起電力は2接点の温度 U_1，U_2 によって定まる．したがって，U_1 または U_2 を一定値とするか，別の手段でその値を知れば，他方の接点の温度が求められる．これが**熱電対**（thermo couple）と呼ばれる温度センサの基本原理である．

8.2.2　熱起電力の基本的性質と温度計測法

熱起電力について，次に示す法則があり，温度計測に利用される．

①　均質回路の法則

②　中間金属の法則

③　中間温度の法則

①**均質回路の法則**は均質な金属の一部を加熱しても熱起電力に影響がないこ

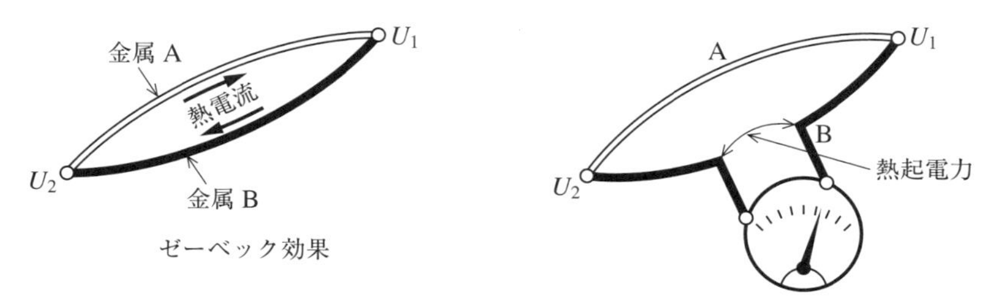

図8.1　ゼーベック効果と熱起電力

とを述べている．もし，影響があれば，材質が均質でないことがわかるので，熱電対材料の試験に応用される．

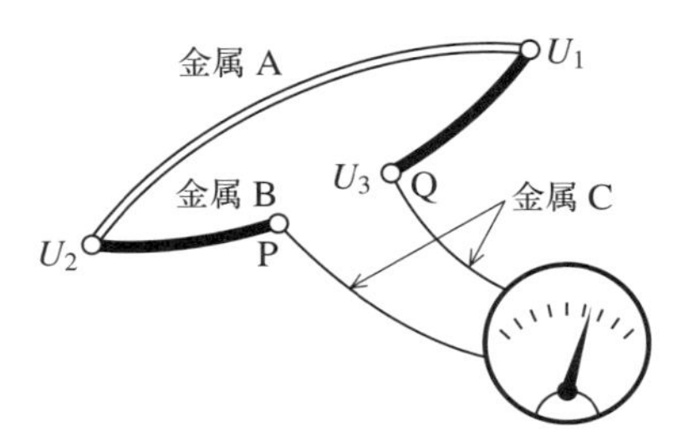

図 8.2　熱起電力の測定

②**中間金属の法則**は**図 8.2** のように 2 種類の金属 A，B から構成される熱電対の中間に金属 C が接続されても，C の両端の温度が同じであれば熱起電力には影響しないことを述べている．熱起電力を測定する回路や電圧計の回路の導線は通常，銅線が使用され，すべて熱電対の構成材料で作ることはできない．特に，**図 8.3** のように，金属 C（通常は銅）を導入し，それにより電圧計に接続される．このとき B と C，あるいは A と C との二つの接点 P，Q とが同一の温度（たとえば U_2）であれば，得られる起電力は変わらず金属 C の存在は影響しない．熱電対は通常このような結線で使われる．図 8.3 の温度 U_2 の端子 PQ を基準接点，温度 U_1 である他方の接点を測温接点という．

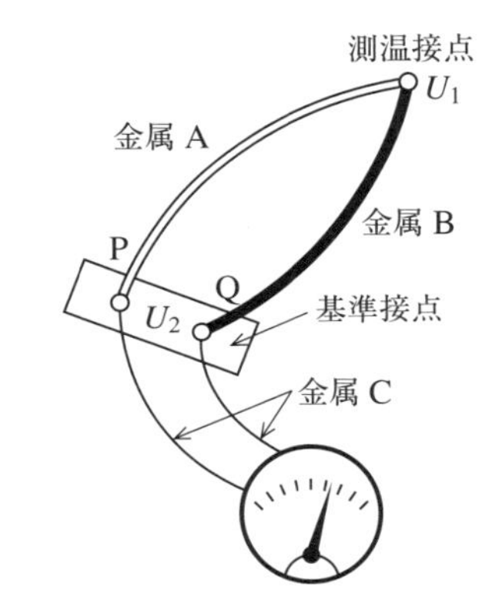

図 8.3　熱起電力の測定

中間金属の法則は**図 8.4**（a）に示すように熱起電力が材質について加算的であることを意味する．温度 U_1，U_2 に対して 3 種の金属からなる熱電対の起電力をそれぞれ E_{AB}，E_{AC}，E_{CB} とすれば

$$E_{AB} = E_{AC} + E_{CB}$$

である．この性質を利用すれば，金属 C を標準となる金属，たとえば白金として，いろいろな金属との熱起電力を求めておけば，任意の金属の組合せの熱起電力がわかる．

③**中間温度の法則**は温度について熱起電力が加算的であることを述べている．図 8.4（b）のように熱電対 AB の接点の温度が U_1，U_2，U_3 であるときの熱起電力をそれぞれ E_{21}，E_{32}，E_{31} とすると

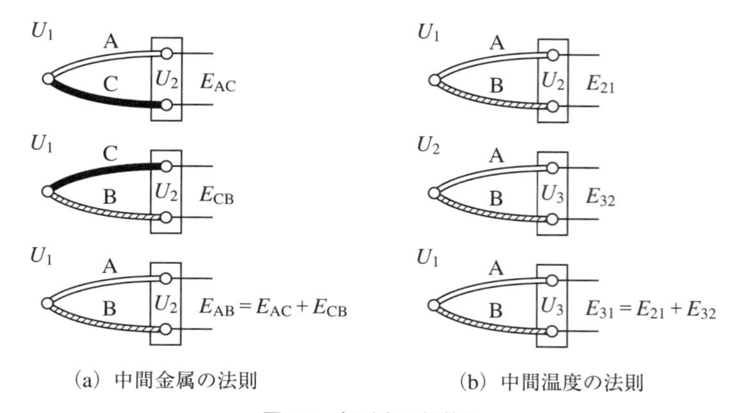

(a) 中間金属の法則　　(b) 中間温度の法則

図 8.4　起電力の加算性

$$E_{31} = E_{21} + E_{32}$$

が成立する．U_3 を 0℃として熱起電力を求めておけば，この関係を利用して，任意の接点温度に対する起電力が求められる．

精密な温度測定の際には基準接点を氷で冷却して 0℃に保持する．ほかの温度定点を利用して基準温度とすることもある．工業計測では，温度定点を常に実現させるのは実用的ではないから，基準接点の温度 U_2（通常，電圧計の入力端子の温度）を次に述べる抵抗温度計で計測する．そして基準接点が U_2〔℃〕で測温接点を 0℃にしたときの熱電対の起電力に等しい電圧を，抵抗温度センサを含む回路で発生させ，この電圧を熱電対の起電力に加えることにより，端子温度 U_2 の変化を補償する．このような補償構造の構成を 2 章で図 2.15 に示した．

8.2.3　熱電温度計

熱電対はセンサとして使われ，長い時間高い温度にさらされるから，次の条件を満たす材料でなければならない．

(1) 耐熱性が優れている

(2) 材質が安定で酸化などの組織変化を起こさない

(3) 熱起電力が大きい

(4) 価格が高くない

上の条件の（1）（2）（3）は熱電対の特性を表現するモデルが成立する範囲が広いこと，その内部変数の時間的変化が小さいこと，計測量に対する高感度などを要請している．

熱電対の起電力は微弱なので，増幅し，表示しなければならない．これらの機能をまとめて熱電温度計（thermoelectric thermometer）が製作されている．

現在実用化され，使用されている熱電対の使用温度範囲，特徴などを**表 8.1**と**図 8.5**に示す．起電力はmV程度の低レベルの直流電圧であるから，直流増幅して表示，記録を行う．通常，熱電対の細い金属線の機械的保護や化学的変化の防止のため，保護管を使用して熱電対線を収容する．センサの変換特性を維持するための2.3.3項で述べた影響量遮断の例である．保護管と熱電対線と

表 8.1 熱電対の種類と特性

名　称	素　線　成　分		使用温度範囲(注1)	特　徴
JIS（旧JIS）	＋　脚	－　脚		
K（CA）	クロメル（ニッケル・クロム）	アルメル（ニッケル・アルミ）	−200～+1 000℃（+1 200℃）	起電力の直線性がよい，酸化性雰囲気に適する，金属蒸気に強い
E（CRC）	クロメル（ニッケル・クロム）	コンスタンタン（ニッケル・銅）	−200～+700℃（+800℃）	K熱電対より安価．熱起電力が大きい，非磁性
J（IC）	鉄	コンスタンタン（ニッケル・銅）	−200～+600℃（+800℃）	安価，熱電能はやや大きい，起電力の直線性良，還元性雰囲気に適す，特性品質のばらつき大，さびやすい
T（CC）	銅	コンスタンタン（ニッケル・銅）	−200～+300℃（+350℃）	安価，低温での特性が良い，均質性がよい，還元性雰囲気に適する，熱伝導誤差が大きい
R(注2)（PR）	白金・ロジウム13%（白金・ロジウム12.8%）	白　金	0～+1 400℃（+1 600℃）	安定性がよい，標準熱電対に適する，酸化性雰囲気に強い，水素・金属蒸気に弱い，熱電能が小さい
S（－）	白金・ロジウム10%	白　金		
タングステン・レニウム（注3）	タングステン・レニウム5%	タングステン・レニウム26%	0～+2 400℃（+3 000℃）	還元性雰囲気・不活性ガス・水素ガスに適する．熱電能が比較的大きい

（注1）使用温度範囲はJISの最大線径のもの，（ ）内は過熱使用限度．
（注2）旧JISのPRは白金・ロジウム12.8%でR熱電対とは異なる．
（注3）JISとして規定されていない．

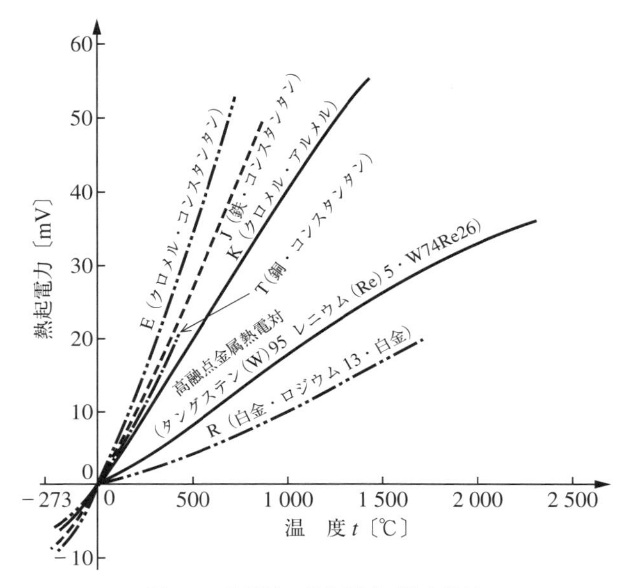

図 8.5　熱電対の熱起電力-温度特性

の間は酸化マグネシウムなどの耐熱性のある絶縁材を介在させ，全体として細く，熱容量が小さくなるように作る．熱平衡に早く到達するようにセンサとして応答速度を上げ，接触による対象の温度変化を最小にするための配慮である．

8.3　抵抗温度計

8.3.1　金属抵抗温度特性

純粋な金属の電気抵抗は温度とともに増加する．比抵抗を ρ とすると

$$\rho = \frac{1}{nq\mu}$$

ただし，n：電子の密度，q：電子の電荷，μ：電子の動きやすさを表現する移動度

金属では，n と q とは温度に関わらず一定で，μ を支配する電子の電気伝導と固体の結晶格子との相互作用が絶対温度とともに大きくなるので，温度係数

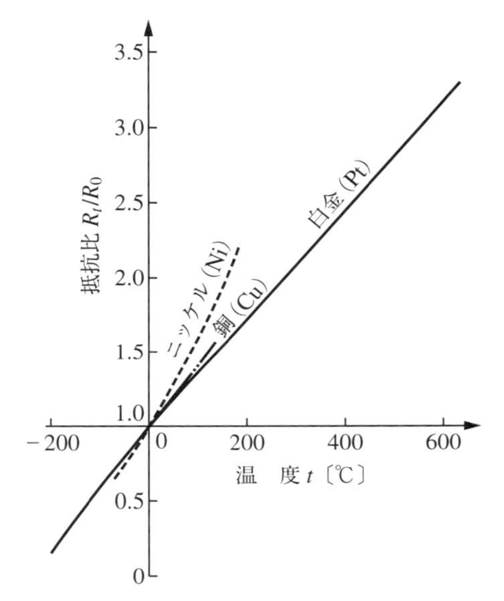

図 8.6　金属抵抗の温度変化（0℃の抵抗を 1 として相対値で示す）

は常温で約 0.4%/K である．**図 8.6** に代表的な金属の比抵抗の温度特性を示す．抵抗による温度計測は 600℃以下で最も精確な結果が得られるので，国際実用温度目盛における標準温度計となっている．金属抵抗材料には耐熱性と安定度の点から高純度白金線が最も多く使われる．白金の抵抗の温度係数 0.39%/K であって，0℃で 100.0 Ω の白金線の抵抗は，100℃では 139.16 Ω となる．

8.3.2　抵抗温度計

純金属の比抵抗が小さいので，抵抗値を高めるために直径 0.05 mm 程度の白金線を巻き枠に巻いたものを保護管の中に入れて，化学的機械的に保護する構造とする．このセンサを測温抵抗体という．金属線の抵抗値はひずみセンサの項で述べたように加えられるひずみで変化するから，温度が変化してもひずみが加わらない構造の巻き枠となっている．

測温抵抗体の抵抗測定を実行し，温度を出力する計器を抵抗温度計（resistance thermometer）という．その回路構成は**図 8.7** に示すようにホイートストンブリッジを使用する．しかし，測温体の抵抗値は 100 Ω 程度で低いから，ブ

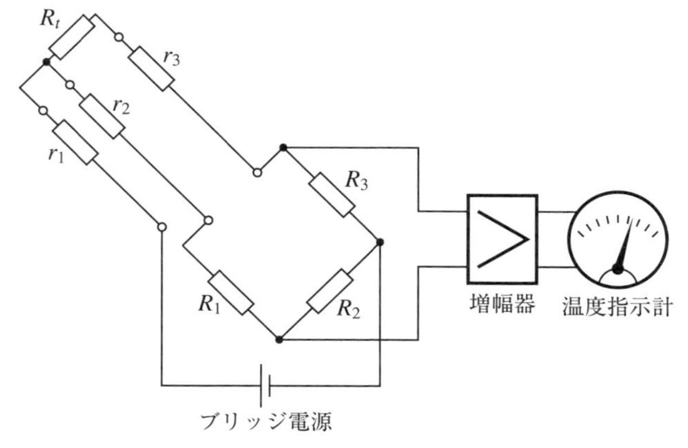

図 8.7 3 線式抵抗温度センサの測定回路

リッジから測温抵抗体までの導線抵抗の周囲温度変化の影響が無視できない．導線抵抗の影響を回避するには図 8.7 に示す 3 線式と呼ばれるブリッジ回路を使用する．R_t が測温抵抗体の抵抗で，ブリッジから抵抗体までの導線が 3 本ある．それぞれの抵抗を r_1，r_2，r_3 とする．r_1 はブリッジ電源と直列になるので，ブリッジの平衡には影響しない．r_2 はブリッジの固定抵抗 R_1 に直列に，r_3 が測温体に直列に加わる．ここで，r_2 と r_3 とが同じ長さで，抵抗も等しく選び R_1 の値を R_t の変化範囲の値にすれば，導線抵抗の周囲温度の影響をほぼ除くことができる．

より徹底するには測温抵抗体に一定電流を供給する導線と，測温抵抗体の両端の電位差を取り出す導線とを区別して，電位差を取り出す導線には電流が流れないようにする．しかし，4 本の導線が必要になる．

8.3.3 半導体抵抗温度センサ（サーミスタ）

半導体は第 7 章で述べたように，電流のキャリアの密度が温度とともに増加することで比抵抗が下がる．半導体の温度による抵抗変化率は金属よりほぼ 1 桁大きいので，金属の測温抵抗体より感度の高いセンサが得られ，**サーミスタ** (thermistor) と呼ばれる．

半導体の比抵抗は純粋金属よりはるかに大きいので，温度受感部分の熱容量を小さくできる．また，受感部分が小さいので，センサが計測対象と熱平衡に達するために出入りする熱量が小さくてすむから，対象の温度を乱さないで計測できるし，応答速度も早く，温度センサとしては使いやすい．

抵抗の温度係数は常温付近で－3.9%/Kで，白金線の約10倍であるからサーミスタは温度変化を高感度で検出できる．また，サーミスタの抵抗値が高く，数kΩ以上あるため，金属線抵抗体と異なりセンサと温度計回路との導線抵抗の影響を無視できる．ただし，長時間高温にさらされる用途では抵抗値の安定性が金属線より劣る．

8.4　非接触型温度計測

すべての物体は赤外線を主とする熱線を放射し，かつ吸収する．物体の温度が絶対零度でない限り，放射が存在する．放射のパワーは温度により支配され，その波長に対する分布は**プランクの法則**で与えられる．したがって，放射を利用して表面温度を計測できる．対象に非接触で計測できるから，対象に影響を与えず，動いている対象なども計測できる．

8.4.1　放射による温度計測の原理

我々が光として感じる電磁波は0.38 μm から0.75 μm の波長をもつ．物体から発散される放射は0.38 μm より短い紫外線から数十 μm の赤外線までを含む．

黒体から放出される熱放射の分光放射輝度はプランクの放射に関する式(8.1)で表される．

$$R_\lambda(\lambda,\ T) = \frac{2C_1}{\lambda^5} \cdot \frac{1}{\exp\left(\dfrac{C_2}{\lambda T}\right) - 1} \tag{8.1}$$

$$C_1 = c^2 h = 5.9548 \times 10^{-17}\ \mathrm{W \cdot m^2}$$

$$C_2 = ch/k = 1.4388 \times 10^{-2}\ \mathrm{m \cdot K}$$

ただし，λ：波長，T：絶対温度，C_1，C_2：放射定数，c：光速，h：プランク定数，k：ボルツマン定数ここで，**黒体**とはすべての波長の放射を反射も透過もせず，完全に吸収する物体をいう．また，同一の温度では黒体の放射が最大である．

放射されるエネルギーは温度と波長の関数であるが，この式は放射のエネルギーの大きさが波長に対し，どのように分配されているかを示すとみなせる．式（8.1）をすべての波長について積分すれば，全放射エネルギーが得られる．式（8.2）に示すように，全放射エネルギーは絶対温度の4乗に比例し，この法則を**ステファン・ボルツマンの法則**と呼ぶ．

$$E=\int_0^{\infty}\pi R_\lambda d\lambda=\int_0^{\infty}\frac{2\pi C_1}{\lambda^5}\cdot\left|\frac{1}{\exp\left(\frac{C_2}{\lambda T}\right)-1}\right|d\lambda=\sigma T^4 \tag{8.2}$$

ただし，$\sigma=2\pi^5C_1/15(C_2)^4=5.6704\times10^{-8}\,\mathrm{W\cdot m^{-2}\cdot K^{-4}}$

式（8.2）の原理に基づき全放射のエネルギーから絶対温度を知るのが**全放射温度計**である．

図 8.8 に式（8.1）における放射の輝度と波長の関係を示す．黒体放射から

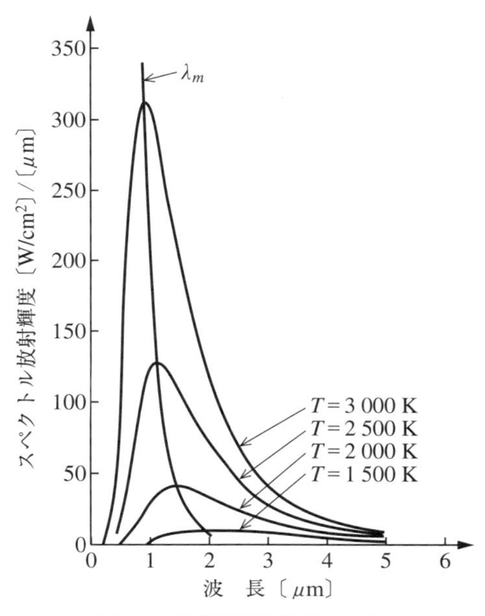

図 8.8 放射輝度と放射の波長

$d\lambda$ だけの幅をもつ放射エネルギーをフィルタで取り出すと，$R_\lambda(\lambda, T)d\lambda$ により $d\lambda$ を定めて温度 T を求められる．これが 8.4.2 項で述べる**単色放射温度計**の原理である．

図 8.8 の曲線の形を見ると，最大のエネルギーを配分されている波長を λ_m とすると，プランクの式（8.1）の最大値を与える波長だが，高温度ほど短波長側に移っていることがわかる．λ_m と温度との積は式（8.3）に示すように一定値となる．

$$\lambda_m T = 2.897 \times 10^{-3}\ \mathrm{m \cdot K} \tag{8.3}$$

これを**ウィーンの変位則**という．また λ が小さいときにはプランクの式は式（8.4）に示すウィーンの式で近似できる．

$$R_\lambda(\lambda, T) \approx \frac{2C_1}{\lambda^5} \exp\left(-\frac{C_2}{\lambda T}\right) \tag{8.4}$$

たとえば，赤色光（$\lambda = 0.65\ \mu\mathrm{m}$）について $T < 4\,600$ K であれば，式（8.1）と近似式（8.4）との差はわずかである．$\lambda = 0.65\ \mu\mathrm{m}$ の R_λ について両者の差は 3 000 K 以下では 0.1% より小さい．

図 8.9 に放射センサの波長感度の特性を示す．長波長側で感度の高い

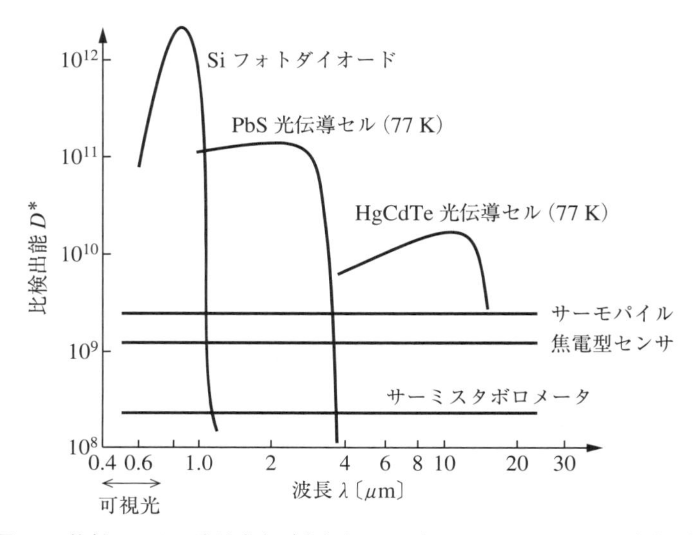

図 8.9　放射センサの波長感度（感度を D^* で表示してある．D^* は 7 章参照）

HgCdTeは低温度計測用，Siは高温計測用に使用される．

また，焦電型センサやサーミスタボロメータのように，放射エネルギーを熱に変換するため，感度が波長に依存しないセンサがある．この種のセンサに放射エネルギーを黒体で吸収した際の温度上昇をサーミスタや熱電対で電気信号に変換する方式が用いられる．

8.4.2　単色型放射温度計

特定の波長λにおける放射の大きさを温度の特徴とみなし，放射から$d\lambda$の幅をもつ放射パワーをフィルタで取り出し，λと$d\lambda$を定めて温度Tが求めるのが**単色型放射温度計**である．測定対象となる温度によって最大パワーをもつ波長領域を選べれば効率がよいが，適当な光あるいは赤外線センサがその領域で使えるかどうか，その波長感度特性などを考慮してλ，$d\lambda$が定められる．

図8.10に単一波長帯（単色）の放射温度計の構成を示す．内蔵の比較用白熱電球フィラメント電流と温度があらかじめ校正されていて，対象の輝度と電球のフィラメントの輝度を視野の中で等しくなるようにフィラメントの電流を調整して対象の表面温度を求める．

この原理を実現するため，回転して光を断続するチョッパが放射光をオンオフする．オン時には計測対象からの放射を，オフ時には比較用電球のフィラメントからの放射が交互に放射センサに加えられる．この方式ではフィルタで放射の波長を選び単色として対象の放射と比較用の放射を比較している．チョッ

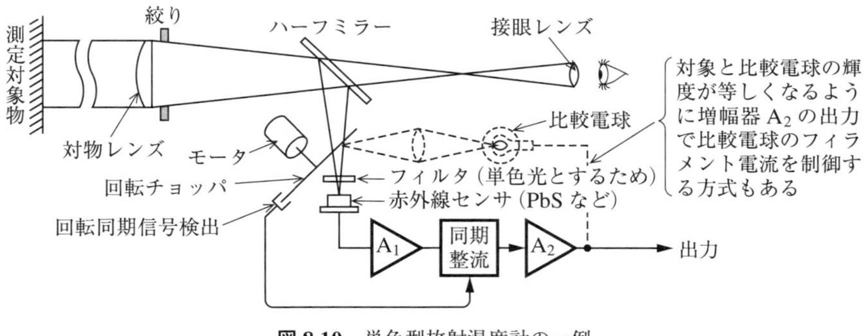

図8.10　単色型放射温度計の一例

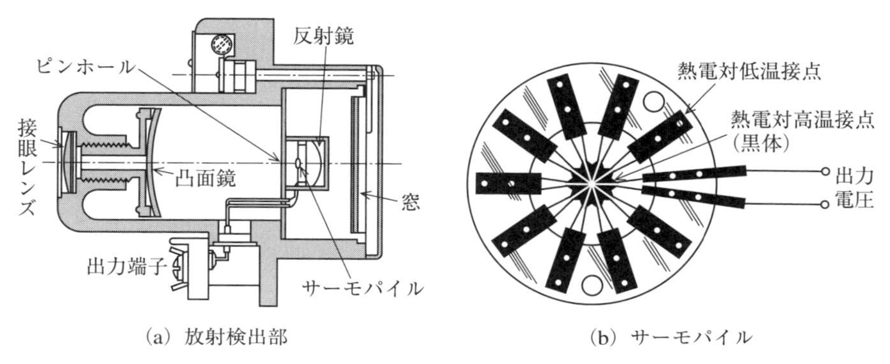

(a) 放射検出部　　(b) サーモパイル

図 8.11　全放射温度計の一例

パの断続周波数で放射センサの出力を交流化しており，両者の放射が等しくなれば，出力の交流分が0になるから，その状態を常に実現するように電球のフィラメントを制御すれば，計測を連続的かつ自動化できる．

8.4.3　全放射温度計

先に述べたように，全放射エネルギーは絶対温度の4乗に比例する．放射を吸収して熱に変換する放射センサであれば，感度に波長依存性がないから，全波長領域の放射パワーから温度を求める．すなわち，式 (8.2) で示される全放射エネルギー E（図 8.8 の曲線の下の面積に相当）から温度を知る．**図 8.11** に構造の一例を示す．対象からの放射を凹面鏡で反射して放射状のサーモパイルの中心に集める．ここではセンサとして**サーモパイル**が使われており，サーモパイルは測温接点を黒体化した熱電対を複数個直列に接続したものである．その出力は温度の4乗に比例するので，比較的高い温度の計測に使われる．

8.4.4　放射率とパターン計測

8.4.1 項で説明したプランクの式，ウィーンの近似式，ステファン・ボルツマンの関係式は，すべて黒体からの放射を前提としている．**完全黒体**（black body）は**完全放射体**（perfect radiator）とも呼ばれ，放射に関して理想的であって，放射あるいは吸収が最大で反射がないものである．実際の計測対象は黒体ではないので，現実の物体との差異は**放射率**（emissivity）と呼ぶ1より小さい係数を乗じて補正する．放射率は波長によって変化する．

放射率は光沢のある面と酸化物に覆われた面とでは異なり，数値例を挙げると，アルミニウムで 0.26（$\lambda = 1.0\,\mu$m），鉄で 0.35（$\lambda = 0.65\,\mu$m）などであるが，酸化物で覆われていると増加する．

使用した放射率が実際の値と異なれば，当然温度の計測値の不確かさが増すことになる．ところが放射率の正確な算定は困難なので，放射温度計だけで正確な温度を求めることは容易ではない．

放射温度センサは温度の絶対値よりも，その空間分布が重要な関心事であるところで特徴を発揮する．**サーモグラフィー**と呼ばれる分野がそれである．非接触温度センサを用いて温度の空間分布を計測することで，対象の状態に関する情報を得る．応用例の一つは，ガンの組織がほかの組織よりも温度が高いことを利用して，体表面の温度分布を求め，乳がんなどを非接触で検知する．また，海や川への温排水の拡散状況を，空中からのセンシングで一度に知ることができる．**図 8.12** は人の顔の温度分布を示した例で，鼻の先端の温度が低いことがわかる．

放射率は反射率と密接な関係がある．温度の分布を測る代わりに放射率や反射率の空間分布を放射センサで調べることにより対象の情報が得られる．

農作物の種類や生育状況により葉の反射率が異なるので，分布状況から収穫

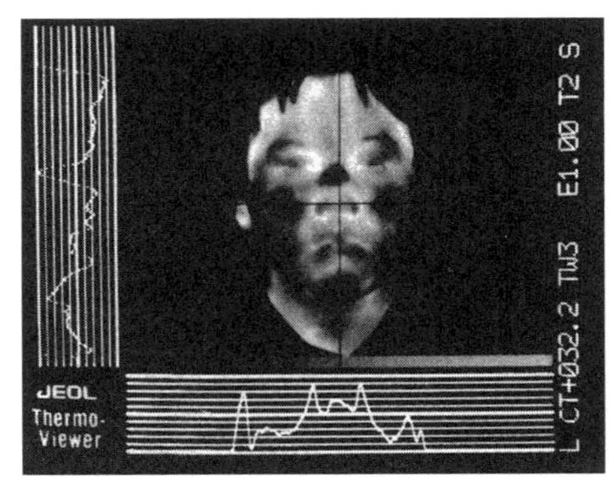

(a) 赤外線映像による顔，表面の温度分布がわかる．タテ，ヨコの顔に沿った温度分布がグラフで表示

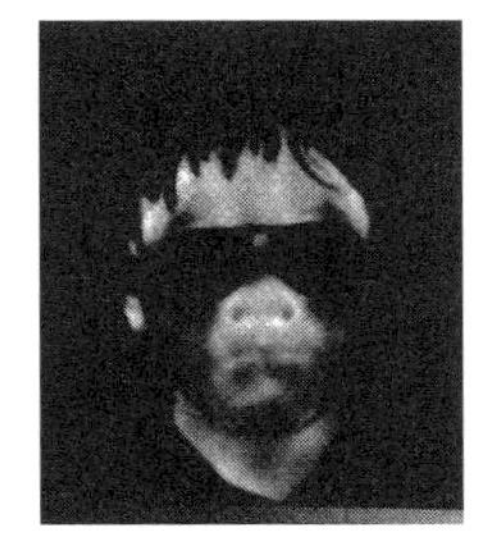

(b) めがねをかけると表面温度が低いので黒く写る

図 8.12 サーモグラフィー（東京大学工学部藤村貞夫氏による）

量を予測したり，病虫害の程度を広範囲にわたり速やかに調査できる．このような技術を**リモートセンシング**という．このように空間分布や形状に関心をもつ計測技術を**パターン計測**技術と呼ぶ．これらの技術を支えているのは，長い波長の赤外線を感度高く検出できる赤外線センサで，HgCdTe はその一例である．

HgCdTe は InSb，PbS などとともに第 7 章で述べた光により電気伝導が変化する光伝導体であって，低温度の計測の場合には熱雑音を抑えて S/N 比を上げるために液体窒素温度（77 K）まで冷却して使用する．

赤外線センサを多数個半導体基板上に 2 次元配列して赤外画像を得る画像センサが開発された．赤外画像に対応した 2 次元電荷分布をテレビ画像のような時系列電気信号に変換する．このようなセンサの開発により，サーモグラフィーやリモートセンシングがさらに進歩することになろう．極端に遠い対象として天体がある．赤外線天文学が開拓されつつある．

8.5　センサの機能と温度特性

接触型，非接触型の温度計測方式を中心に代表的温度センサの原理と基本構造を述べた．センサに応用される現象の中で，温度をほかの物理量に変換する現象の種類が最も多い．なぜならば，すべての物理現象は温度の影響を多少なりとも受けるからである．

ある量が，温度によりどのように変化するか，温度の関数として記述したモデルを温度特性という．温度特性が単調増大か，単調減少の形をもっていて，再現性があれば，温度センサに使われる可能性がある．

前に述べた温度センサ，特に熱電対や抵抗温度センサは，前者は接触電位差の温度特性，後者は電気抵抗の温度特性を利用したものである．最近開発された温度センサも当然温度特性を利用しているが，その特性は我々が長い間悩まされてきた現象でもあることが興味深い．次にその例を紹介する．

8.5.1　トランジスタ温度センサ

トランジスタを使用して電子回路，特に直流増幅回路を設計するとき，必ず問題になるのがトランジスタの温度特性である．トランジスタのベース・エミッタ間電圧 V_{BE} は温度1℃上昇につき，約2 mVずつ減少する．

直流増幅器ではベース・エミッタ間の電圧変化は入力信号によるものか，トランジスタの温度変化によるものか，トランジスタは区別せずに出力を変化させる．入力信号に変化がないにも関わらず，出力が変化することは好ましくないから出力変動を抑えなければならない．その有効な方法は2.5.1項で述べた差動構造である．同じ種類のトランジスタを2個使用して対称構造の図2.17に示す差動増幅回路の採用である．入力信号は2個のトランジスタに対して反対称に作用するが，温度変化は対称に作用する．差動増幅回路の出力は2個のトランジスタのコレクタ電流の差であるから，反対称に作用した入力信号は作用が2倍になって出力されるが，温度の影響は両者のトランジスタの温度変化が等しければ，打ち消されて出力に影響しない．

アナログ集積回路では，このような差動増幅回路が構成の基本になっている．同一のシリコン基板上に同じ形状で近接して作成された2個のトランジスタの温度特性はほとんど同じであるから，安定な直流増幅回路の集積回路（IC）が実現した．

回路設計者を悩ませたトランジスタのベース・エミッタ電圧の温度特性を温度センサとして利用する試みが提案された．**図8.13** に示すように電源電圧 E を，抵抗 R を通して加えたときを考える．演算増幅器の利得が十分大きいため演算増幅器のマイナス入力がゼロ電位であるから，コレクタ電流 I_C に対応する $-V_{BE}$ が増幅器Aの出力として得られる．-2 mV/℃の出力が得られ，センサデバイスがトランジスタであるから，小形で熱容量が小さく，センサ素子の特性のばらつきも少ないことも特徴である．差動増幅器にして温度補償ができるほど特性が揃っていることがセンサとしても役に立つ．サーミスタは小形で感度が高いが，個々のデバイスの特性のばらつきが抑えるのが困難である点を，トランジスタを応用した温度センサで解決できる．

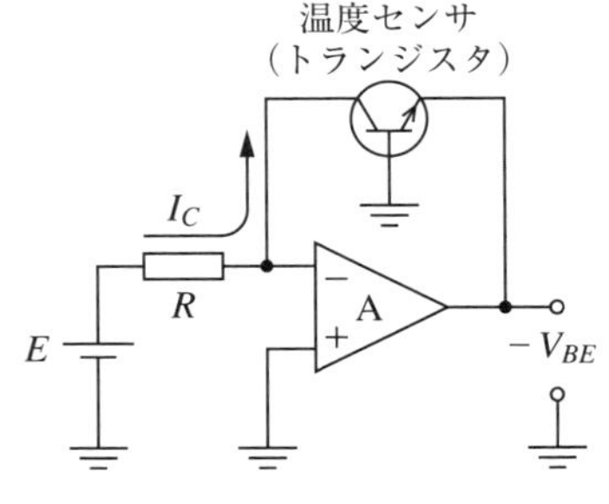

図8.13　トランジスタ温度計の原理

8.5.2　水晶温度計

水晶振動子は固有振動数が一定で，経年変化が少ないので，水晶発振器は周波数の標準として古くから通信分野で使用されてきた．ディジタル回路時代の現在においても，**クロックパルス**を発生する発振器として多数使用されている．また，時計の基準発振器にも使用されている．

このように広く周波数の基準とされている．そのため温度特性が重要であり，もし温度変化によって振動数が変化すると通信や放送の世界が混乱する．そこで，水晶の結晶軸に対してどのような角度で切り出せば，固有振動数の温度特性が改善されるか，多くの研究がなされてきた．その中から，二次や高次の温度係数はほとんど0だが，一次の温度係数のみが残る角度があった．表現を変えれば，固有振動数が温度に比例する振動子である．この振動子を使用して**水晶温度計**が開発された．

温度変化1℃当たり周波数変化がちょうど1 kHzになるように，また0℃における発振周波数が28.208 MHzとなるように，振動子の寸法が選択されている．センサ部の断面を**図 8.14** に示す．

周波数は最も精密に計測できる物理量である．1 MHzを1 Hzの分解能で計測する，すなわち100万分の1の分解能で読み取ることは容易である．しかし，ほかの量では困難である．したがって，水晶温度計は高い分解能で温度が計測できる．

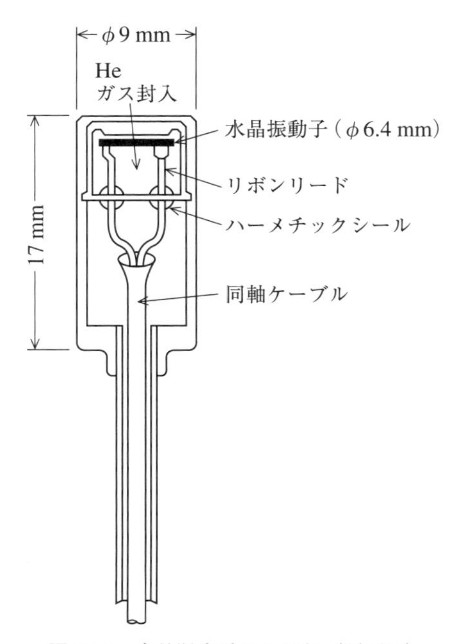

図 8.14　水晶温度計センサ部（断面図）

8.5.3　NQR 温度計

NQR とは nuclear quadrapole resonance，すなわち核四重極共鳴のことで，原子核の電気四重極モーメントと電界勾配との相互作用により生じるエネルギー遷移に基づく電波の共鳴吸収現象である．塩素酸カリウム $KClO_3$ の中の ^{35}Cl の共鳴周波数は常温付近で 28 MHz で，**図 8.15** のように 1℃につき約 5 kHz 変化する．この共鳴周波数は量子的なミクロな現象であって，$KClO_3$ の量や形状に影響されない．水晶発振器が振動子の機械的寸法や形状に支配されるのとは対照的である．

NQR 現象の温度特性を利用したのが **NQR 温度計**である（**図 8.16** 参照）．高周波コイルと $KClO_3$ の粉末を金属ケースに封入したセンサで，電子回路は共鳴周波数で発振し，温度変化があれば常にその周波数に自動的に追従する構成になっている．NQR 温度計は温度の変化に速やかに対応するのに適していないが，絶対温度 90 ～ 398 K の範囲で 1000 分の 1 度の分解能をもつ安定な標準温度計として校正に有用である．

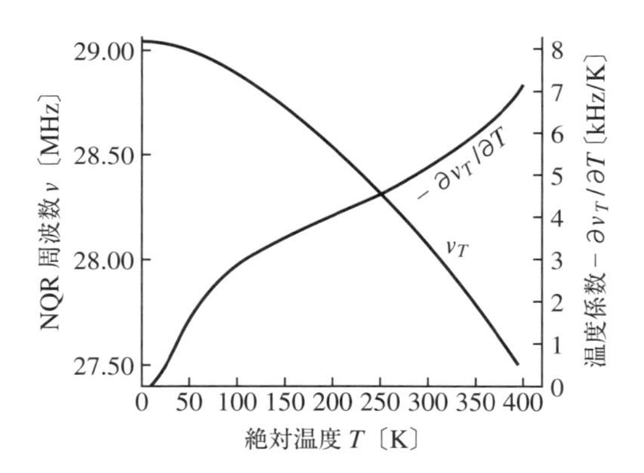

図 8.15　核四重極共鳴周波数（$KClO_3$ 結晶中の ^{35}Cl 原子）の温度特性と温度係数

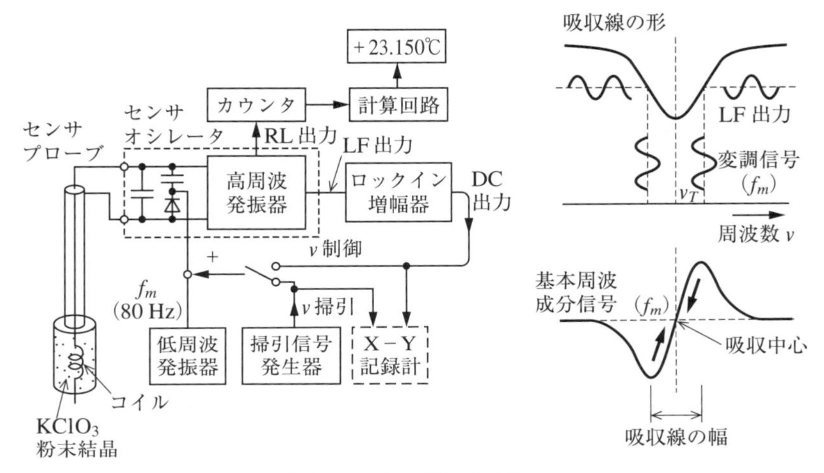

図 8.16 NQR 温度計の原理

第8章で学んだこと

物性型センサとして広く使われている温度センサと温度計測手法を学んだ．

手法として対象とセンサが接触して同一温度となり，センサの温度が計測値として出力される．非接触の温度計測では対象が発する熱放射の強さから温度を推定する．また，物質の温度特性の中に温度センサとして利用できる現象がある．

練習問題

問 8.1 温度のセンシング手法には接触法と非接触法とがある．両者の相違点を述べよ．それぞれの手法において代表的なセンサを挙げよ．

問 8.2 温度センサは代表的物性型センサである．いかなる実例からこの事実を実証できるか．

問 8.3 熱電温度計において，熱電対は測温接点と基準接点の温度で決まる起電力を発生する．基準接点を常に0℃に保持した値を表示するための補償回路を示せ．

問 8.4　白金抵抗温度計のセンサは白金線が用いられ，0℃で 100 Ω であるため，センサと温度指示の距離が離れていると，途中の温度変化の影響を受ける．これを完全に回避するにはどのような方法があるか．

第9章　成分センサ

成分センサは種類が多いが，動作原理を支配している法則や手法は多くない．本書で，すべての成分センサを紹介するのは困難だが，核となる原理や手法を紹介し，代表的なセンサを紹介する．先端的な科学技術が巧みに活用されている．

9.1　成分情報への期待：センサの特徴―成分選択性

表 9.1　火星の大気の成分（Viking 1 の分析による）

成　分	成　分　比
二酸化炭素 CO_2	96 %
窒　　素 N_2	2 ～ 3 %
アルゴン Ar	1 ～ 2 %
酸　　素 O_2	0.1 ～ 0.4 %

NASA がバイキング計画で火星に Viking 1 を着陸させたとき，多くの人が一番興味をもったのは火星に生物が存在するかどうかであった．次はいかなる物質が存在するか，火星の大気の成分がいかなるものかに関心が集まった．判明した成分は**表 9.1**[(3)] に示すように地球の大気とは大きく異なっていた．この情報をもたらしたのは Viking 1 により運ばれた小形軽量のガスクロマトグラフと質量分析計であった．

この例に見るように物質成分のセンシングがもたらす情報は，存在する成分元素が何かを示す定性的情報と，構成比や純度などの定量的情報との両方が揃って情報として完結することで，光や温度のセンシングと異なる．

定性的情報を得る過程を**定性分析**，構成比をあきらかにする過程を**定量分析**という．定性分析のためにはセンサが多くの成分に高い感度が要求される．一方，共存する成分の中から注目する成分について濃度あるいは成分比を正確に求めるには，センサが対象成分について高い**選択性**をもつことが要請される．これらの要請は両立しづらい．現実に使われる物質成分センサは不完全な選択性をもつセンサを限定した目的に使用するか，選択性をもたないセンサの前に成分の分離手段を組み合わせる手法をとる．選択性を重視すると，対象となる物質が多いためセンサの種類が非常に多くなり，実現が困難になる．それでも成分センサの種類は多く，本書ですべてを示すことはできない．

最初に気体，液体両方に共通する分析手法を紹介し，次に気相，液相に区分して代表的計測原理とセンサを紹介することで全体像を示す方針をとる．

9.2　対象に広く適用できる共通手法

9.2.1　分光分析法：成分に依存し，共通の構造をもつ分析手法

物質と種々の波長の電磁波との相互作用から成分を同定しつつ，相互作用の強さから物質量を定量化する領域を**分光学**（spectroscopy）と呼ぶ．ここで相互作用とは，物質が放出または吸収する特定の波長の電磁波である．電磁波にはγ線，X線から光，電波まである．

たとえば，原子核のエネルギー準位を調べるγ線分光法から，紫外，可視光は電子状態との相互作用，近赤外，赤外線分光法は分子の振動などの特徴を解明し，回転状態を表すのはマイクロ波領域である．相互作用が観測される波長が対象成分の特徴を示す．本書では，日常的に使われるのは可視光から赤外線にかけての分子分光分析の例として，赤外線分析によるガス分析センサとフーリエ分光のガス分析システムを紹介する．

分光法とは逆に，選択性に乏しいが，多種類の物質に共通に適用できる分析法がある．気体の密度や熱伝導度は成分により，固有の値をもつ．液体の光に対する屈折率や透過率などは濃度に依存する．また，水溶液の電気伝導度は濃度に影響される．これら計測可能な量を特徴量として，それを手がかりに2成分の比が求められる．しかし，3成分以上が共存すると，結果が一意に定まらないため選択性に乏しい．分析手法の拡張性と選択性とは両立しない．

9.2.2　クロマトグラフィー

成分選択性をほとんどもたない熱伝導型ガス成分センサや電気伝導度から液体の成分比を得たいとき，対象が3成分以上を含む場合には分析できない．結果が一意に定まらないからである．しかし，対象のガスの前処理によって成分

を空間的あるいは時間的に分離できれば，成分分析が可能となる．成分ごとの分離を実現するのが**クロマトグラフィー**（chromatography）と呼ばれる手法である．気体，液体ともに適用可能な有効な手法である．

この方式では，カラムと呼ばれる細長い管路に固定相と呼ばれる物質を充填しておき，そこに複数の成分が共存するガスや液体をキャリヤに乗せて送り込む．キャリヤと分離対象の物質は移動相と呼ばれる．キャリヤは対象物質がガスの場合はヘリウムや窒素などの不活性ガスが使われ，対象が液体であれば，その液体を溶解するヘキサン，メタノールなどの溶液が選ばれる．キャリヤは一定の流量でカラム中を流れるように制御される．ある時点でキャリヤに分離対象の試料を少量加えるとそれを含む移動相が固定相中を移動してゆく．

移動相の試料中の成分と固定相の物質との相互作用の相違により，カラムを移動する時間が異なる．その結果，カラムの出口には成分ごとに異なる時刻で現れる．そこで，分離された成分はキャリヤとの 2 成分であるから，汎用性が高いセンサで容易に分析が可能である．

ガスクロマトグラフを例にとって多成分分離の過程を説明しよう．

この過程は 2.5.4 項において述べた時間領域における信号選択構造の 1 例である．カラムの分離過程はカラムとキャリヤガスを，試料ガスを入力信号とみたとき，そのインパルス応答が成分により異なるのを利用して多重信号を時間空間で分離しているとみなすことができる（**図 9.1**（a）参照）．

キャリヤガスは対象の試料ガスと反応しない He，N_2，Ar などが使われ，一定流量でカラムに流されている．ある時点 t_0 において，サンプリングバルブが開かれ，試料ガス（約 1 mL 程度）がごく短時間キャリヤガスの流れに加えられ，カラム中を流れる．カラムの内部の固定相には吸着性のモレキュラーシーブなどの充填剤，または試料ガスを溶解するシリコーンオイルなどの充填剤が詰めてある．試料ガスはキャリヤガスに押し流されてカラムを通過する過程で，図 9.1（b）に示すように共存する成分がキャリヤガスの中で分離される．その理由は，移動相の試料成分のカラムの通過時間が充填剤と試料成分との化学親和力，溶解度などの差異により異なるからである．通過時間で成分を識別するため，キャリヤガスはカラム中を一定流量で流れ，カラム内は一定温度に保たれる．

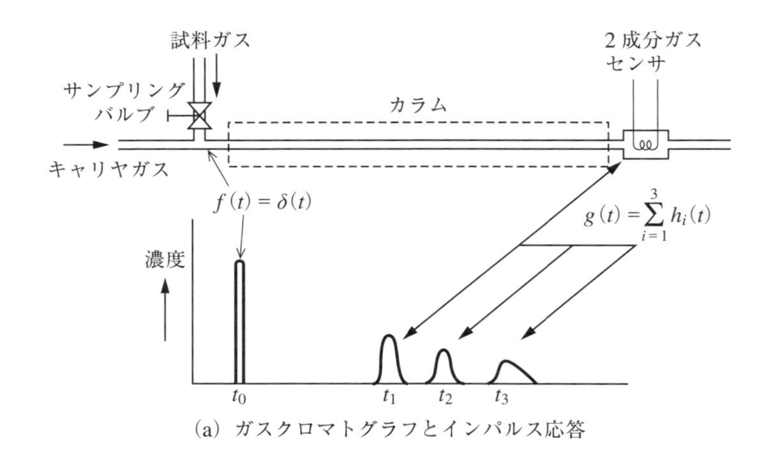

(a) ガスクロマトグラフとインパルス応答

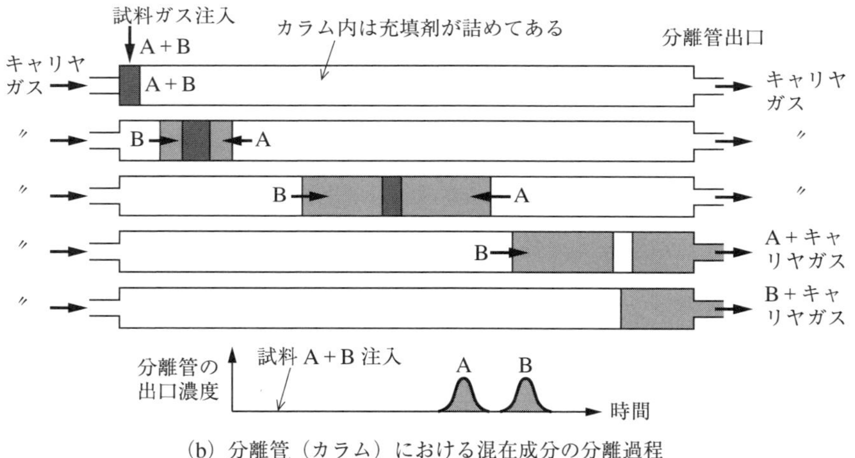

(b) 分離管（カラム）における混在成分の分離過程

図 9.1　ガスクロマトグラフによる共存成分の分離

カラム出口には分離された成分がキャリヤガスとの2成分ガスとして順次現れるので，選択性のないセンサでも順次分離して定量分析ができる．

センサとして熱伝導型以外に**水素炎イオン化検出器**（flame ion detector：FID）も使われる．後者は有機ガスに対して感度が高い．

一方，**質量分析計**（mass spectrometer）は検出対象ガスをイオン化して電界と磁界とを作用させ，*m*/*e*（質量/電荷）の値により空間的に分離する．ガスクロマトグラフと質量分析計とを結合して，ガスクロマトグラフで物理化学的に分離した後，m/e の相違により同位体を分離するシステムもある．液体クロマトグラフの場合でも全く同様の過程で共存成分が分離される．

9.2.3　濃淡電池による濃度——電圧変換手法

同じ材料の 1 組の電極において，電極の周囲の電解質濃度が異なると電位差を生じる．濃度の濃い側の電極が**正極**（anode）となり，外部回路から電子を受け取る側となる．濃度の低い側の電極は電子を放出して溶液に溶け込む．反応が進む方向は濃度差を減少させる方向である．電池の起電力はネルンストの式で表現される．濃淡電池には上に述べた電解質濃淡電池と電極濃淡電池とがある．ガスの場合は後者となる．

起電力 E は式（9.1）で表される．

電解質濃淡電池　$$E = \frac{RT}{nF} \log_e \frac{a^-}{a^+} \qquad (9.1)$$

電極濃淡電池　$$E = \frac{RT}{nF} \log_e \frac{p^-}{p^+} \qquad (9.2)$$

ただし，R：ガス定数，T：絶対温度，F：ファラデー定数，n：イオンの価数，a^+：イオン濃度（濃），a^-：イオン濃度（淡），p^+：分圧（濃），p^-：分圧（淡）

9.3　気体成分センサによる成分計測

9.3.1　熱伝導型ガス成分センサ

気体の熱伝導率は**表 9.2** に示すように気体の種類により異なる．また，2 成分の気体の熱伝導率は成分比と 1 対 1 に対応して定まる．

金属線を一定電流で加熱して気体中に置くと，成分の熱伝導率により冷却率が支配されるので，金属線の温度は成分に対応した温度で熱平衡状態になる．すなわち，気体の組成が金属線の抵抗値に変換されることになる．装置は**図 9.2** のように白金抵抗ブリッジを形成し，1 組の抵抗線が計測対象の試料気体

表 9.2　空気の熱伝導率を 1.00 としたときの気体の比熱伝導率

気　　体	比熱伝導率（空気基準）
水　　　素 H_2	7.01
メ　タ　ン CH_4	1.296
酸　　　素 O_2	1.030
窒　　　素 N_2	1.003
一酸化炭素 CO	0.975
アンモニア NH_3	0.970
アセチレン C_2H_2	0.777
ア ル ゴ ン Ar	0.685
二酸化炭素 CO_2	0.616
二酸化硫黄 SO_2	0.344
塩　　　素 Cl_2	0.323

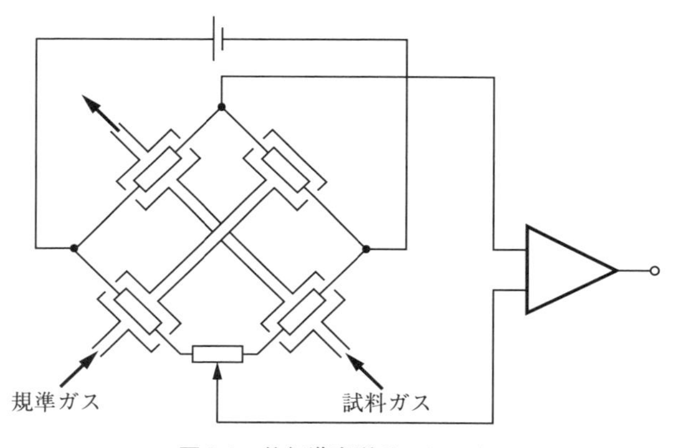

図 9.2　熱伝導度型ガスセンサ

中に，ほかの抵抗線基準となるガス（通常，純粋な 1 成分）中に置かれる．成分はブリッジ出力電圧か電流に変換される．この信号変換過程は第 2 章の 2.3.1 項において信号変換の連鎖の実例として紹介した．

熱伝導率の差が大きい気体の組合せでは感度が高いが，第 3 の成分が混在したり，気体の流量が変化すると不確かさが増す．選択性が乏しい代わりに多くガスを対象にできるセンシング手法である．

9.3.2　赤外線ガス分析計

一原子分子，同種の二原子分子（H_2，O_2，N_2 など），同種の三原子分子気体などを除外した多くの気体は赤外領域に固有の吸収スペクトルをもつ．その例を**図 9.3** に示す．

波長可変の赤外線源と赤外線センサとの間で試料ガスに赤外線を吸収させ，受光のスペクトルを求めて定性，定量分析を行う．これを**赤外線スペクトロメトリー**という．**図 9.4** は，対象を限定し，観測波長を定めて，高感度の連続分析を実現したものである．

ニクロム線ヒータによる赤外線源より放射された赤外線は，二光束に分かれ，回転する光チョッパからなるセクタで時間的に断続されて，試料セルおよび参

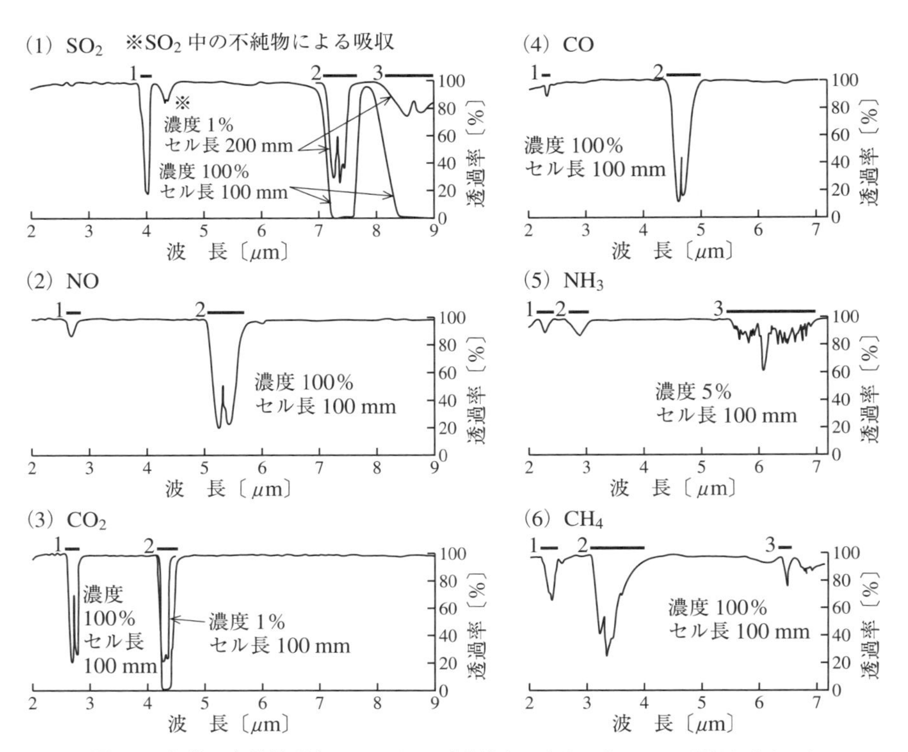

図 9.3　気体の赤外線吸収スペクトル（透過率が小さいところで吸収が大きい）

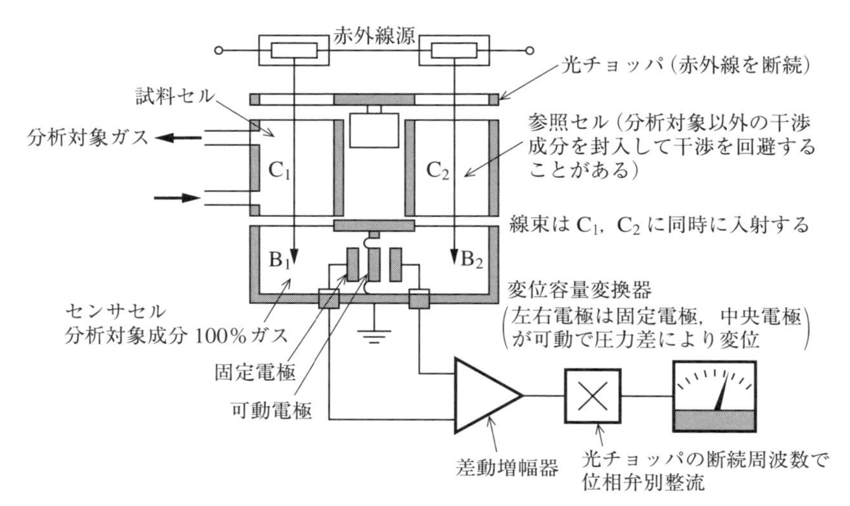

図 9.4　赤外線分光ガス分析システムの構成

照セルを交互に通過する．

参照セルは通常，赤外スペクトルをもたない気体で充たされ，赤外線は吸収されない．

試料セルでは成分濃度に対応して赤外線が吸収される．両セルを出た赤外線はそれぞれ赤外線センサで強度が比較される．

センサセルは検知対象ガス成分が 100% 充填され，セルの中央が薄い金属膜で仕切られている．センサに赤外線が入射すると，対象ガスのスペクトルの吸収帯のエネルギーが吸収され，充填気体の温度が上昇して膨張する．膨脹による膜の変位を，センサ内部の固定電極との間の容量変化により，高い感度で電気信号に変換する．

試料セルで赤外線が一部吸収され，参照セルで吸収されないと，センサセル内部の赤外線吸収に差が生じ，膜が変位する．変位は対象成分の濃度に対応して変化するので定量分析出力が得られる．

赤外線はセクタにより数 Hz の周波数で断続されるので，断続周波数で信号が変調され，センサセルの赤外線吸収以外の外乱による不平衡が出力信号に影響するのを防ぐ．2.5.3 項で述べた周波数領域における信号選択構造の例である．また，第 2 章で述べた対称構造が応用されている点にも注意されたい．

共存する非計測対象成分が対象の気体に含まれていて，赤外線吸収スペクトルに重なりがあると不確かさを生じる．この場合には，重なる部分を光学フィルタで除く．また，重なる干渉成分である共存する非計測対象成分ガスを参照セルに封入して，測定セル，参照セルの双方において赤外線の吸収が対称に生じるような方式で影響を除くこともある．

赤外線ガス分析システムは選択性が優れ，感度も高いので広く使われる．CO，CO_2，炭化水素などを対象とした自動車排気分析，CO，CO_2，SO_2，NO_x などを対象とした燃焼状態監視などに使われる．このシステムでは，対象成分が既知で濃度の連続計測を目的とする．センサセルに対象の成分ガスを充填することで吸収スペクトルをもつ波長にセンサ感度を限定して選択性を実現している．

9.3.3　フーリエ変換赤外分光システム

図 9.4 に示した赤外線ガス分析計は分析対象のガス成分がわかっていて，濃度の変化を知るのが目的に使われる．対象成分が未知で，その成分比を知りたいときには，波長を変えて分析を繰り返さなければならない．この手続きを急いで行えば，分析精度が下がる．精度を上げるには時間がかかる．このようなときに威力を発揮するのは，**フーリエ変換赤外分光法**（Fourier transform infrared spectrometry）である．センサ情報の信号処理から必要な情報を獲得するのがセンシング・インテリジェンスと呼ばれる処理方式である．構成例を**図 9.5**（a）に示す．

マイケルソン干渉計のような 2 光束干渉計の可動鏡を動かすことで，光路差を一定速度で変化させて広い波長範囲の赤外線の干渉パターンが得られる．その干渉パターンの交流分（**インターフエログラム**と呼ぶ）を試料セルに通してからフーリエ変換し，赤外線のスペクトルを得る[(1), (2)]．

2 光束を干渉させる操作は空間的な自己相関関数を求める操作であり，インターフエログラムはその自己相関関数を時間軸上に展開したものになる．そのフーリエ変換は式（2.31）に示した関係で光源と試料の吸収スペクトルとの積のパワースペクトルである．フーリエ変換分光システムは広い波長範囲のスペ

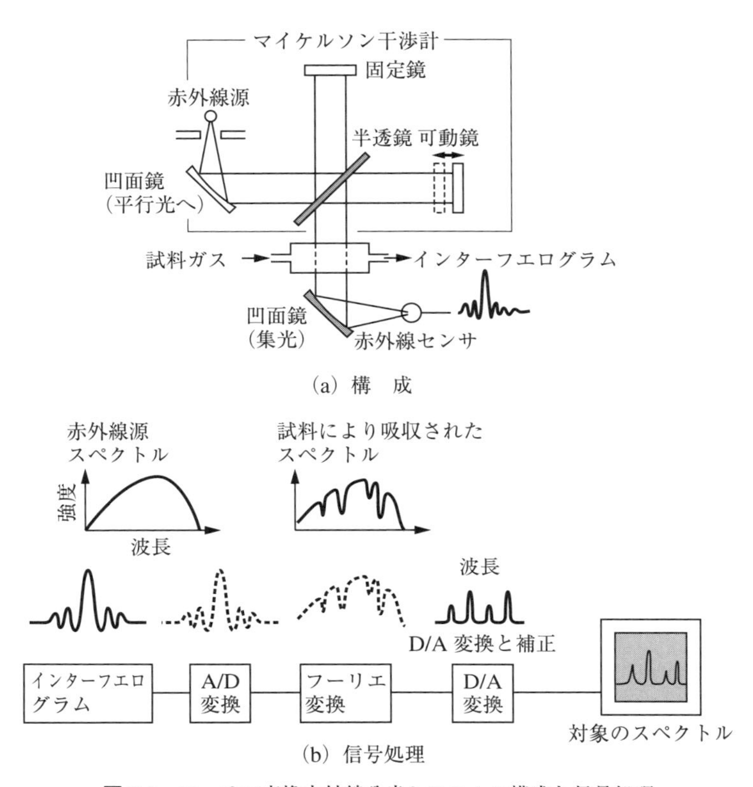

図 9.5　フーリエ変換赤外線分光システムの構成と信号処理

クトルが一度で求められるので，成分未知の試料の分析が可能である．また，多数の波長に埋め込まれた分析対象を波長走査せずに一度に分析できるため，短時間で結果が得られる高速度の分析法である．高速フーリエ変換を用いるとコンピュータで短時間にフーリエ変換が実行できるので，この技術が進歩した．図 9.5（b）にインターフエログラムやスペクトルとの関係を示した．多数の物質の赤外線スペクトルをデータベースに蓄積しておき，得られたスペクトルと照合して対象のガス成分を自動的に同定できる．

9.3.4　ジルコニア酸素センサ

ジルコニア酸素センサは，自動車の排気ガス中の酸素濃度を知るために開発

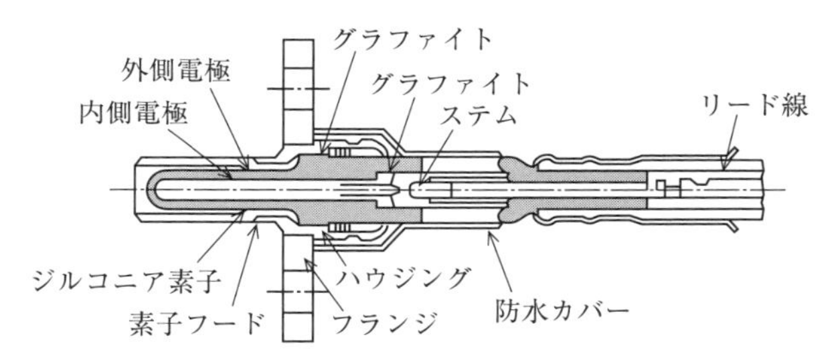

図 9.6　自動車排気ガス測定用ジルコニア酸素センサの構造

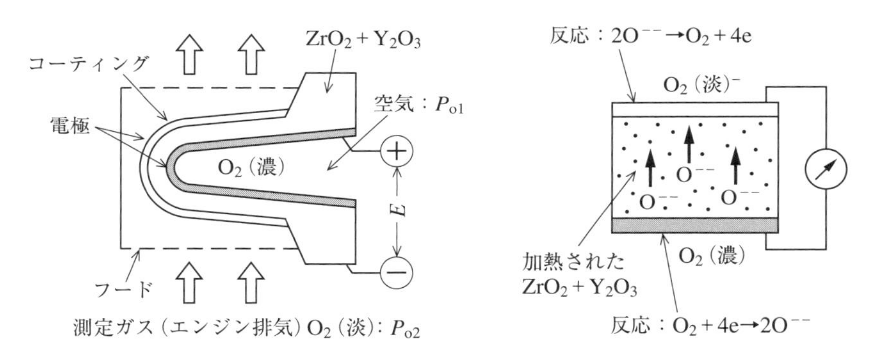

図 9.7　原理と電極における反応

されたセンサである．固体電解質としてジルコニア磁器を用いた O_2 センサの構造を**図 9.6** に，動作原理と電極における反応を**図 9.7** に示す．ジルコニア（ZrO_2）にイットリア（Y_2O_3）を添加した固体電解質の両面に多孔質の白金電極を付けてある．

図に示したように，外側の電極は対象の排気ガス中に，内側の電極は大気に接するように作られている．両面では酸素の分圧が異なるので分圧の高い大気側から分圧の低い排気側へと酸素イオンが拡散して移動する．一種の固体の濃淡電池が形成され，ネルンスト（Nernst）の式（9.3）で示される起電力 E が得られる．

$$E = \frac{RT}{4F} \ln \frac{[p_{o1}]}{[p_{o2}]} = 2.303 \frac{RT}{4F} \{\log_{10}[p_{o1}] - \log_{10}[p_{o2}]\} \tag{9.3}$$

ただし，R：ガス定数，T：絶対温度，F：ファラデー定数，p_{o1}：大気の酸素

分圧，p_{o2}：排気ガス中の酸素分圧

ジルコニア磁器は中空で電気ヒータで700ないし900℃に加熱され，磁器の一方の側に基準酸素濃度のガス，たとえば大気，他方に対象の排気ガスを流す．

このセンサはボイラや炉の燃焼制御や，ガス器具の不完全燃焼や酸欠状態の検出にも使われるが，最も多い応用例は自動車排ガス中の酸素濃度計測である．このセンサ出力を利用してエンジンの空燃比制御が行われる．センサ出力Eは空気過剰率λにより**図9.8**のように変化する．特に燃焼が化学等量比である$\lambda=1$の前後で急激に変化する．したがって，等量点を保つことを目標としてエンジンの空燃比の制御を行う．ここで等量とは燃料中の炭化水素が空気中の酸素と結合して燃焼するが，等量における燃焼ではすべての炭化水素が二酸化炭素と水になり，排気中に酸素も炭化水素も残らない理想状態をいう．空気か過剰率が1より大きければ排気中に酸素が残り，1より小さければ未燃焼の炭化水素が残る．化学等量の反応は燃料が完全に燃焼して排気も清浄な場合で，エンジンとして望ましい状態である．

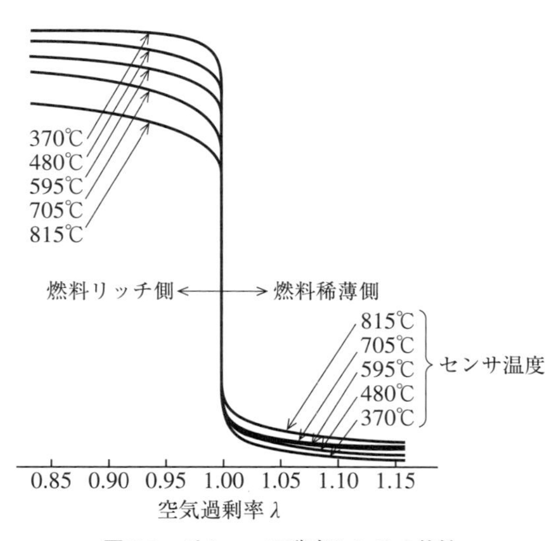

図9.8　ジルコニア酸素センサの特性

9.3.5　表面吸着による可燃性ガスセンサ

n 型半導体を構成するセラミックスの電気伝導性は表面吸着の影響を受けやすく，ガスセンサとして望ましいことを 7 章で述べた．SnO_2 や ZnO などの酸化物に多少の添加物を加えたセラミックスは，空気中で約 300℃に加熱されると電子が酸素原子に移って負イオンとなり，吸着される．その酸素により伝導電子の移動に対する電位障壁が形成され，電流が流れない．ここに可燃性ガス（H_2，CO，プロパンなどの炭化水素やアルコールなど）が吸着されると，酸素との結合で酸素が還元され消費され，電位障壁が減少するので電気抵抗が低下する．この抵抗変化で可燃性ガスが検出される．感度が高いのでガス漏えい検出器として広く使われている．

温度センサであるサーミスタでは表面の吸着の影響を最小にする配慮をしたが，逆にガスセンサは吸着特性を活用している．特定のガス成分に対する選択性はなく，可燃性のある還元性ガスについて同様な特性を示す．センサの形状を**図 9.9** に示す．

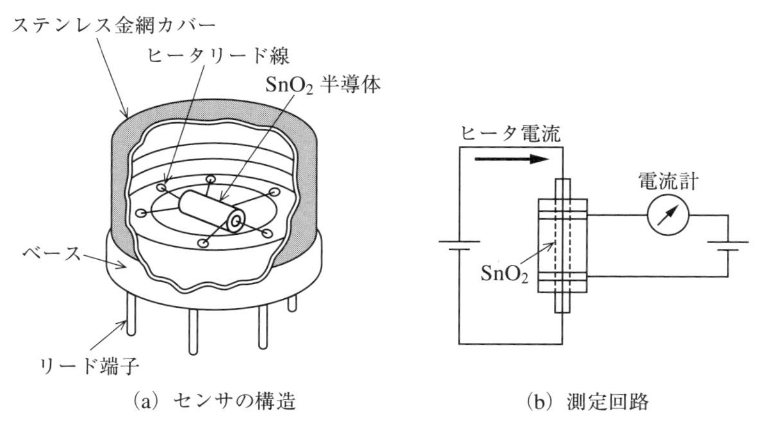

(a) センサの構造　　(b) 測定回路

図 9.9　表面吸着を利用したガスセンサ

9.4　液体成分センサによる成分計測

9.4.1　pH センサ

各種の液体成分センサの中から電解質溶液の分析に使われる **pH センサ**を代表例としてとりあげる．**pH** は $[H^+]$ を溶液中の水素イオン濃度として，$pH = -\log_{10}[H^+]$ により定義された．純水の水素イオン濃度は水酸イオン濃度と等しく約 10^{-7} mol/L であるので中性溶液は pH = 7 である．そして pH ＜ 7 を酸性，pH ＞ 7 をアルカリ性という．現在では 15℃の 0.005 mol/L フタル酸塩水溶液を基準溶液とし，pH = 4.00 として，物質によって値が定義される．

pH の計測ではガラス電極をセンサとする．ガラス薄膜の電位差が薄膜の両面に接する液の pH に比例することを利用する．**図 9.10**（a）にガラス電極の構造を示す．電極内部の液の pH を $pH(S)$，測定される液の pH を $pH(X)$ とするとき電極の出力 E は次式（9.4）で与えられる．

$$E = 2.3026\,\frac{RT}{F}\,[pH(S) - pH(X)] + E_{as} \tag{9.4}$$

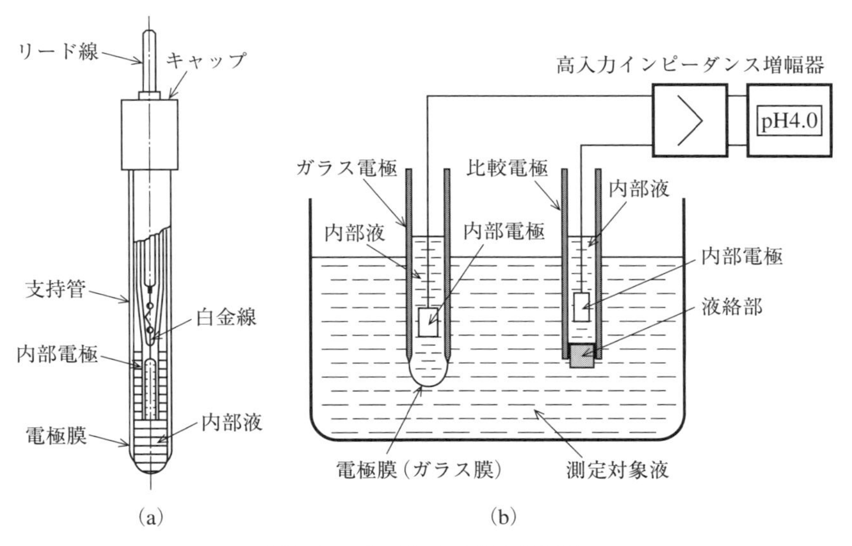

図 9.10　pH センサ（ガラス電極）

ただし，E_{as}：$pH(X) = pH(S)$ のときに残る電位で**不斉電位**という．

この式はジルコニア酸素センサの出力を示す式（9.3）と同じネルンストの式（9.1）であり F の係数が異なるのみである．気体と液体との相違があるが，9.2.3 項で述べた，濃度差のある電極の平衡状態の電位差という共通の現象で支配されているためである．

また，計測対象液の電位を取り出すために液絡部をもつ比較電極を用いて，両者の電位差を出力とする（図 9.10（b）参照）．出力電位差はガラス薄膜の出力抵抗が高いので，FET などによる高入力抵抗の直流増幅器で増幅される．半導体の電界効果を利用して固体の pH センサが開発され，ISFET（Ion Sensitive FET）と呼ばれている．式（9.3）において $T = 293.16$ K（20℃）のとき，R と F の数値を入れると 1 pH 当たりの電極出力が 58.17 mV であることがわかる．

9.4.2　イオンセンサ

ガラス電極は水素イオン濃度により出力が変化する**イオンセンサ**である．特定の薄膜を使うことにより特定のイオン，たとえば，Na，K イオンなどを選択的に検出する電極が開発され，実用化された．これらのイオンセンサは水質管理や公害監視，あるいは医療分析などにおいて重要な役割を果している．

イオンセンサは**図 9.11** に示すような構造をもち，イオン選択性電極と呼ばれる．電解質濃淡電池の原理による構造である．イオン選択膜，内部電極，内部電解質溶液などからなり，とくにイオン選択膜は対象とするイオンにより異なる材料が使われる．機能膜と呼ばれ，もっとも重要である．前項で述べた pH 電極はガラス薄膜を機能膜として［H^+］に選択的に感じるイオンセンサとみなせる．特殊ガラス膜電極のほかに固体膜電極，隔膜電極などがある．

イオン電極の電位は a を対象のイオン濃度（イオン活量）として，内部液をもつ電極に対しては式（9.5）で与えられる．

$$E = 2.3026\frac{RT}{nF}\{\log_{10}[a_s] - \log_{10}[a]\} + E_o \tag{9.5}$$

ただし，E_o は一定電圧，a_s は電極内部液のイオン活量である．濃度が小さければ濃度と活量を同じとみてよい．

上式（9.5）もネルンストの式で，イオンの濃度の濃淡に関係するため同型の数式となる．イオン濃度の計測はイオン選択性電極と対象の電位を取り出す比較電極との間の電位差から計測値を求める．医療分野では検体の分析に多数使用されており，計測の前後に標準液を流して校正を行う．

また，イオン電極には機能膜として固体膜電極を用いたものがある．**図 9.12**

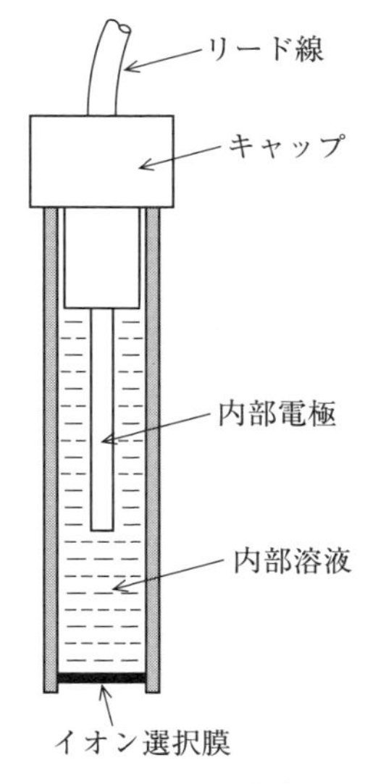

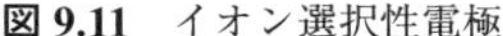

図 9.11 イオン選択性電極

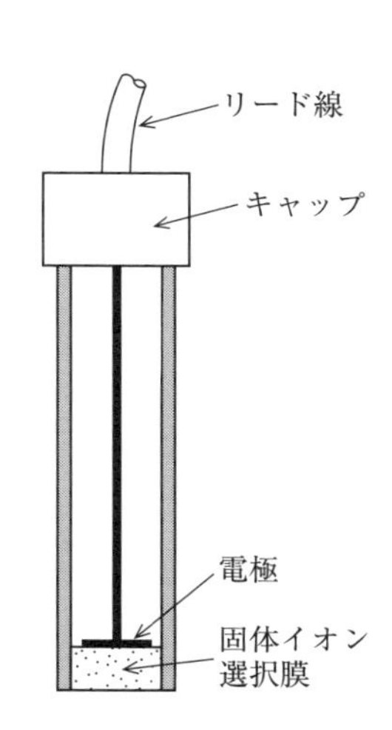

図 9.12 固体膜型イオン選択性電極

表 9.3 イオン選択性電極

電極の種類	測定イオン	測定範囲〔mol/L〕	主な妨害イオン
ガラス膜電極	H^+	$10^0 \sim 10^{-14}$	
	Na^+	$10^0 \sim 10^{-6}$	H^+, Li^+, K^+
	K^+	$10^0 \sim 10^{-5}$	H^+, Li^+, Na^+
	$NH_4{}^+$	$10^0 \sim 10^{-5}$	H^+, K^+, Na^+, Li^+
固体膜電極	F^-	$10^0 \sim 10^{-6}$	OH^+
	Cl^-	$10^0 \sim 5\times10^{-5}$	Br^-, I^-, CN^-, S^{2-}
	Br^-	$10^0 \sim 5\times10^{-6}$	CN^-, I^-, S^{2-}
	I^-	$10^0 \sim 10^{-7}$	CN^-, $S_2O_3{}^{2-}$, S^{2-}
	CN^-	$10^{-2} \sim 10^{-6}$	I^-, $S_2O_3{}^{2-}$, S^{2-}
液膜電極	Ca^{2+}	$10^0 \sim 10^{-5}$	Zn^{2+}, Fe^{3+}
	Cl^-	$10^0 \sim 10^{-5}$	$ClO_4{}^-$, Br^-, OH^-
	$NO_3{}^-$	$10^{-1} \sim 10^{-5}$	$ClO_4{}^-$, I^-, Br^-, $ClO_3{}^-$

に固体膜電極の構造を示す．電極内部に内部液がなく，選択膜が金属電極の表面につけられている．

表 9.3 に代表的なイオン電極の計測範囲や共存すると不確かさを生じる妨害イオンを示した．固体膜電極の起電力特性は次式で与えられる．

$$E = 2.3026\,\frac{RT}{nF}\log[a] + E_o \tag{9.6}$$

ただし，R：ガス定数，T：絶対温度，F：ファラデー定数，n：イオンの価数，a^+：イオン濃度（濃），a^-：イオン濃度（淡）

9.4.3　伝導率型液体濃度センサ

伝導率型液体濃度センサは，液体の溶質および濃度により導電率が変化する性質を利用して濃度を計測するセンサである．**図 9.13** に示すように 2 枚の電極を液中につけ，交流電圧を加えるときに抵抗から導電率が求められる．

$$R = \rho\,\frac{d}{A} = \frac{1}{\kappa}\cdot\frac{d}{A} \tag{9.7}$$

ただし，d：電極間距離，A：電極面積，ρ：比抵抗，κ：比導電率

実際には液体に浸されている電極の実効的な d/A を正確に求めるのは困難であるから，比導電率が既知である標準液（**表 9.4** に一例を示す）を計測し，それから d/A を求めておく．d/A はセンサに固有の値で**セル定数**という．

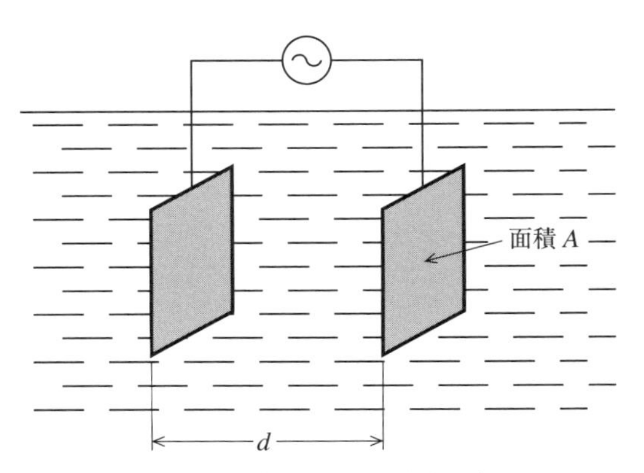

図 9.13　導電率による濃度測定

表 9.4　導電率測定用塩化カリウム標準液 (4)

KCl 濃度〔mol/L〕	温度〔℃〕	比導電率〔μS/cm〕
0.1	0	7 130
	18	11 170
	25	12 860
0.01	0	774
	18	1 220
	25	1 490
0.001	25	147

電極の材料には白金，白金黒，ステンレス，グラファイトなど耐食性に優れた材料が選ばれる．センサ動作時の電流には電極の分極を避けるために数 kHz の交流が使用される．このセンサは液中のイオンの総合的な性質を利用するので，対象の液体成分に対する選択性はない．ガスセンサにおける熱伝導型に対応するもので，三成分以上の定量分析には分離操作を含む前処理が必要である．

9.5　バイオセンサによる分子識別：生物機能活用による高感度化

成分センサにおいて，対象成分に対する一層高い選択性を実現するのは分子識別機能である．前述のイオン選択電極や分光分析などの選択手法では，構造の似た物質が多い有機化合物に対して高い選択性の実現は困難である．生体の中で高選択性を実現する酵素反応や免疫における抗原抗体反応など，生物に由来する機能要素をセンサの一部に使用し，対象の分子識別機能を実現する手法が開発された．

酵素や抗原あるいは抗体をセンサデバイスに固定し活用するセンサを**バイオセンサ**と総称する．錠と合鍵との関係のように酵素が特異的に作用する基質との組合せによるものを**酵素センサ**，抗原抗体反応の免疫の特異性を利用するものを**免疫センサ**と呼ぶ．

9.5.1　固定化酵素によるグルコースセンサ

酵素は特定の対象成分が関わる反応の触媒として作用し，反応の進行によって生じた電子やイオンを従来原理のセンサにより電気信号に変換する．例として，糖尿病の診断に不可欠な血糖値測定に使われるセンサを取り上げる．それは糖の中でもグルコース（ブドウ糖）のみを選択的に検出するバイオセンサである．酵素グルコース・オキシダーゼが触媒となり，式 (9.8) に示すグルコースの酸化反応が進行し，過酸化水素 H_2O_2 を生じる．生成される H_2O_2 を電極反応で電流に変換すると対応するグルコースの濃度が求められる．

酵素：グルコース・オキシダーゼ

$$\text{グルコース}\ (C_6H_{12}O_6) + O_2 \longrightarrow \text{グルコン酸}\ (C_6H_{10}O_6) + H_2O_2 \quad (9.8)$$

生体の分子識別による高い選択性を利用する反面，使用条件が限定され，時間経過による特性の劣化が生じることがある．グルコースセンサの構造を**図 9.14** に示す[4]．酵素は H_2O_2 を透過させる膜に固定され，Pt を陽極，Ag を陰極とする電極をもつ．グルコースを溶解した液に挿入され，陽極に約 0.7 V を加えると反応により生じた過酸化水素に対応した電流が流れる．

このとき，陽極では　$H_2O_2 \longrightarrow 2H^+ + O_2 + 2e^-$

陰極では　$2e^- + 2H^+ + (1/2)O_2 \longrightarrow H_2O$

電流の出入りを除くと全体として $H_2O_2 \longrightarrow H_2O + (1/2)O_2$ の反応が生じる．

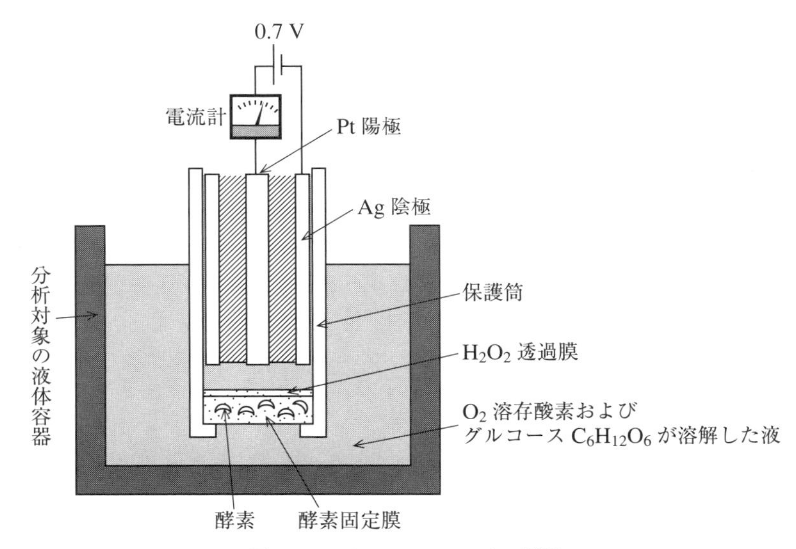

図 9.14　グルコースセンサの構造

第9章で学んだこと

成分センサは対象の物質を明らかにした上で，成分比を定量化する必要がある．そのため，対象成分に対する感度の選択性が必要な点がほかのセンサと異なる．気体成分と液体成分を対象にするセンサに大別されるが，成分の変換は共通の原理に支配される場合が多い．

練習問題

問 9.1 成分センサとほかのセンサとの違いのうち，最も重要な点は何か．

問 9.2 検出対象が，気体，液体を問わず広く適用できる成分分析手法は何か．例を挙げて示せ．

問 9.3 ガソリンを燃料とする自動車エンジンの排気の成分と空燃比との関係について述べよ．排気をきれいにし，燃料の効率を高める制御はどのように実施されているか．

問 9.4 pH センサのガラス電極の起電力を，およそ 1 pH 当たりの電圧で示せ．

問 9.5 固定化した酵素を利用したグルコースセンサの構造と動作原理を示せ．このセンサの機能の特徴は何か．

第10章　センシング技術の進歩

センサデバイスの進歩は速い．また，センサ情報の意味を理解するセンシング・インテリジェンスの変化はコンピュータ技術の進歩，人工知能（AI）の進歩と密接に関連するので，一層急速である．現在の状況をもとに近未来を予想しても，しばらくするとそれらが現実となる．ここではいくつかの進歩の道筋をたどり，将来の姿が実現する過程を予想する．

10.1　センサ技術に対するニーズ

高信頼化，異常の検出，IoT社会のトリガ，イベント駆動社会の引き金，つながるセンサ，トリリオンセンサ，MEMSセンサ，超小形化，…….

多様化するニーズの動向を調査したところによると，センサに対するニーズはそれこそ千差万別だが，現在開発が必要とされているセンサについて共通の属性を次のように集約できる．

① 正常な状態の精密な計測より異常状態の検出，予測

② 1点の状態量より多次元の状態の認識

③ 信号変換より感性の代替

④ 不可視状態の可視情報化

それぞれについて二三の例を示す．

①の例は製品の傷や機械装置の破損の検出に対する要請であり，管路内の流量計測技術は確立されているが，管路外への漏えい検出が要求されている．

②の例では，温度分布や海流などの広域情報をすみやかに収集するパターンセンシング，三次元形状の検査

③の例では生物の発育度，果実の成熟度，食肉の鮮度など我々の感性に依存する総合的な評価あるいは味覚，嗅覚などに代わるもの

④の例では，トモグラフィーや地下埋設物の検出など，イメージ化して大局を把握したい要求

まとめると，現在の状態より将来の安全を脅かす状態を詳しく知りたいとの希望である．これらは現在のセンサ技術の弱点と関わり，その克服なしでは社会の要請にこたえられない．

10.2 自動化の進歩とセンシング・システム

現在のセンサ技術は，モデルが確立した空間的に 1 点の物理量の計量や変換には優れているが，空間的な広がりをもつ状態の速やかな認識となると不得手である．つまり，情報収集の広域性と同時性とを同時に満足し得ない．これが認識されたのは，自動化システムの高度化とセンサの応用範囲の発展がきっかけであった．

自動化技術の高度化に伴い，その高度化の限界がセンサにあることがはっきりしてきて，人がもつ感知や認識と機械のそれとの間にギャップが認められたことである．自動化の本来の目的は人間の作業を代替させることであるから当然である．

そのギャップは従来のセンサデバイスを改善することで埋められるが，根本的な解決にはならない．そこでは新しい機能が要求されており，センサのシステム化によって，はじめて解決が可能と思われた．すなわち，画像センサの出力情報のコンピュータによる画像処理により解決への道筋がみえてきた．さらに，人間が自然に実行しているように五感の情報を統合して状況を速やかに把握する方向に近づいてきた．

10.3 将来のセンサ技術への接近

前に述べたセンサ技術の問題点や社会のニーズに応えるための，新技術の開発手法をまとめると次の二つに集約される．

(1) 新しいセンサデバイスを開発して新機能を実現

(2) 新しいセンシング・システムの構築により新機能を実現

前者は新しいハードウェアに，後者は主としてソフトウェアに新機能の実現を期待している．

10.4　センサデバイス技術の進歩

10.4.1　超小形化

センサは小さくなる．小さくしたいという要請があるからだ．センサの形状が大きいと，取り付けたい機器に収まらない，設置に広い場所が必要になるだけでなく，センサの存在が検出対象に影響を与えて，正確なセンシングができない．たとえば，対象に接触して同じ温度になり，その温度を電気信号に変えて発信する温度センサの例を考えると，センサの熱容量が小さければ小さいほどよいことが理解できる．また，小さいほど応答に要する時間が少ない．

また，小さければ，設置場所の問題もなくなる．小形のセンサを効率よく生産するマイクロマシニングや半導体生産技術が進歩して小形で性能が優れたセンサデバイスを生産する技術が発展した．これからのセンサはますます小形になる．そして存在に気が付かないようになるだろうが，情報は的確に収集されていることになる．

小形化の動向にわずかだが例外がある．それはイメージセンサだ．センサデバイスの面積が大きいほうが光を集めやすいから感度が上がるし，画素数も増やせるから，画質が向上する．

10.4.2　多機能化と機能の集積化

センサデバイスが小形化しても，センサを動作させる電源が必要だ．また，出力データを送信するための設備や配線が必要である．もし，センサが多機能であれば，さらに多くの情報が収集できる．設置場所は大量生産が利かないので，設置条件は非常に多様となり，電源やケーブルの配線など設置のコストが量産可能なセンサデバイスのコストを超えることがある．

また，流量センサや，成分センサなどで，対象の温度や圧力などが検出できれば，本来の情報の精度がさらに改善される．そのような要請に応えるため，温度センサや圧力センサなどの機能を集積させたり，それらのセンサデバイスを併設する傾向がみられる．

10.4.3 高機能化

センサ技術の進歩により得られた情報の不確かさが減り，1 個のセンサの使用範囲が広がる．また，センシング・インテリジェンスの強化によりセンサ情報のもつ意味の解釈が一層深くなる．センサの対象が自然や人工物から人間を対象にする場合が増えてきた．その結果，人間が望んでいることを，情報の意味の理解から推察して機器を動作せることが可能になる．

そのためには人間の顔の表情をモデル化して，その意味を理解できる知能が必要である．

現在でも撮影対象が笑っている表情を理解して，カメラのシャッターを切るシステムが実現している．それは顔の表情について，共通に使用できる笑顔のモデルが確立されたからだ．将来は，さらに表情の変化から人間が望んでいることを機械が読み取れるようなシステムが誕生し，画像センサがそのようなシステムの感覚器の役を果たすことになるだろう．

このようにセンサ機能の高度化には，デバイスを構成するハードウェアの進歩に合わせて，センサ情報の意味を理解する対象のモデルを構築する技術の進歩が欠かせない．

10.4.4 センサの高感度化

センサが検出できる感度は年々高まっている．物理量センサについては，社会が要求する感度に到達したといえよう．しかし，化学量センサ，成分センサについては，要求される感度の水準がさらに高くなり，十分に満たしているとはいえない．特に高い感度が要求されるのは，環境関係である．センサの感度が増したために，新たに見えてくる状況があるからだ．

かつて，企業から出た排水が原因で発病し，公害病と認定された水俣病があった．当時センシング技術の水中の水銀の検出感度限界は数十 ppm（ppm は 10^{-6}）であった．そのため，水銀が原因と断定されるまでに時間がかかった．現在は ppm の千分の 1 である ppb，さらにその千分の 1 である ppt にまで増加した．ppb は 10 億分の 1 という感度である．

そのような高い感度が要求される背景に，生物濃縮と呼ばれるしくみが存在

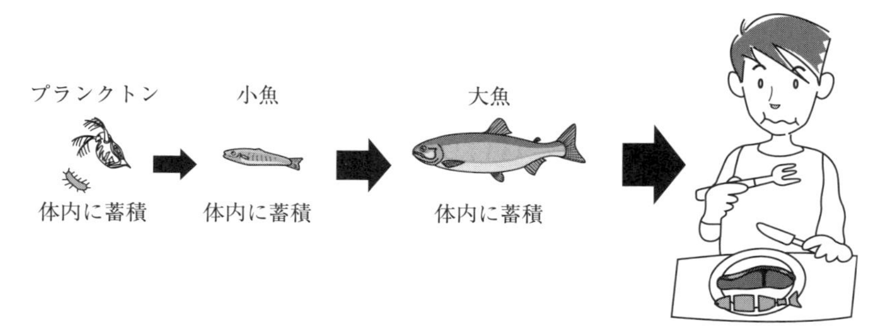

図 10.1　食物連鎖と生物濃縮

する．微量な物質が生物の体内に取り込まれ，それが体内で蓄積され濃縮されるしくみである．さらに**図 10.1** に示すように，プランクトンの体内に蓄積された物質はプランクトンを餌とする小魚に移り，またそれを餌とする大きな魚の体内に移り，大きな魚が人間の食物となる食物連鎖の中で，何桁も有害物質の濃度が濃縮され人体に悪い影響を与えるレベルに至るしくみである．水俣病では，水俣湾の魚を食べていた人たちや飼い猫が発病して社会問題になった．

殺虫剤や農薬として広く使用された DDT（ディクロール・ディフェニール・トリクロールエタン）は，人体に有害であるという理由で 1971 年以後，使用禁止になった．その海水中の濃度は約 3 ppt といわれている．

物質成分センサでは，感度だけを高めるのではなく，いろいろな成分が共存する中で，目的の成分に対する選択性が高くないと，高い感度を生かすことができない．

10.5　センシング・システムの進歩

10.5.1　システムによるセンシング機能の拡張：センサの知能化

センサが知能をもつこと，これを**知能化**という．その知能はセンサが収集した情報の意味を理解することが主な役割である．その役割を実行するのは**センシング・インテリジェンス**と呼ばれる**推論**のしくみで，**人工知能**（artificial intelligence：**AI**）の一部でもある．コンピュータを駆動するソフトウェアが主要な役割を演じる．そしてセンシング・インテリジェンスが働いた結果が前項で述べた高機能化につながるのである．

ただ，知能化には別の意味もある．それは**学習**と**適応**の能力をセンシング・システムがもつことである．

人間は生まれたばかりでは，知能が未発達である．未知の危険を経験したり，けがをしたりする体験を重ねるうちに自身の周囲の状況を観察して行動できるようになり，危険を事前に避けるようになる．また，自身の身体の状況についても経験や外部から得た知識により状況を理解して行動するようになる．このように，環境の変化を察知して，危険を回避したり，環境に適応したりして，その経験を学習するのも知能である．また，したがって，経験や環境に知能で未知の世界に適応して成長できることが知能の成果といえるのである．

10.5.2 異常の検出と減災

知能化センサに期待されている役割の一つが，**異常の検出**である．しかし，異常の検出は決して容易ではない．その理由は「異常とは何か」を明快に説明するモデルが確立されていないからだ．正常な状態は明確に規定できるが，反対に異常状態は明確に規定できない．強いて規定すれば，異常とは正常ではないすべての状態が特徴ということになる．モデルとしては正常状態のモデルを構築し，それから外れた状態をすべて異常状態として検出する．正常な状態が体温，血圧のように数値で定義できる場合は，異常値として検出できる場合がある．

構成部分の傷の存在の有無を検知し，その位置を求める探傷法が確立されている分野がある．医療における病変の検出に超音波が使用されることは7.6節の固体圧電センサでふれた．傷や病変のモデルが確立されており，その特徴が明確であれば探傷法が適用できる．

材質が金属に限定されるが，内部の傷や空洞などの異常を非接触で検出できるのが**渦電流探傷法**である．金属内部の欠陥により渦電流の流れに異常が生じるのを，渦電流に基づく磁界の変化で検出する．

また，光ファイバーを伝搬する光が光ファイバー外部の条件で影響を受けることをセンサとして利用すると，通常のセンサデバイスが点状の検出を行っているのに対して，線状の検出を実行できることになり，検出の次元が増える．また，異常個所の特定も可能である．

異常検出センサに対する社会の期待は，異常が起きてからではなく，起きる直前に異常を検出することだが，課題が多い．自然災害は検出しても避けることはできないが，被害を小さくすることができる．これを**減災**という．たとえば，地震波には伝搬速度の速いp波と伝搬速度が遅いが破壊をもたらすs波があり，震源では同時に発生する．先行するp波を検出して，対策を実行すれば，s波が到着するまでに進行中の電車を止める，火元を消すなど被害を減らすための対策をとることが可能である．

10.5.3　センシング機能の変化：計量から認識へ

センサの出力信号が基準となる量と比較されて数値化あるいは符号化されて表示されるのが，計測あるいは計量と呼ばれるセンシング機能であった（**図10.2**(a)）．その機能が拡張され，計量から対象の認識へと拡張された（図(b)）．センシングの原点は対象が存在するか否かを明確にすることであった．

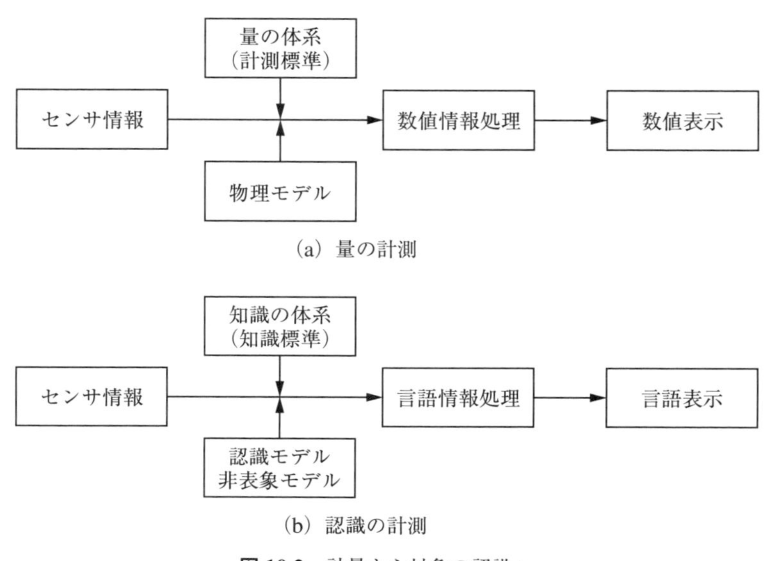

図10.2　計量から対象の認識へ

存在が確認されれば，次はそれがどこにどれだけあるか，定量化する計量が目的となる．さらに対象の量だけでなく，それがどのような状態であるかの認識が必要とされてきた．

そもそも，センシングの目的は対象に関するあいまいさを減らすことであるから，このような機能の拡張は自然な進歩である．

状態の認識技術が進歩するとセンサが人間を対象としたとき，人間が何を望んでいるか，何をしようとしているか，希望や行動の意図が理解できるようになる．そうなれば，センサの情報をもとに機械が人間に合わせることが可能となる．

認識機能が本来の機能であるセンシング・システムとして，人のDNA解析システムがある．認識の基準は明快だが，数が多いので，実行は困難な作業であった．DNAの解析は個人を認識する究極の特徴であるだけでなく，その人の将来をも予測できるようになりつつある．

10.5.4　センサ情報の統合と融合

私達が身のまわりの環境から手に入れる情報の80%は視覚情報といわれている．それほどに目というセンサの役割は大きいが，直接指で触って得られる触覚情報の役割も大きい．さらに，嗅覚や味覚情報は，ほかの器官では得ることができない情報をもたらす．しかし，料理を楽しむのは舌だけではなく，盛り付けを目で味わい，匂いで食欲が進み，さらには口に入れた後も歯ごたえなど触覚情報も組み合わせて食事を楽しむ．

人間同士の間の情報交流においても，言葉だけでなく，身振りや手ぶりを交えて意思を伝達している．このように五感が異なる形と情報構造をもって伝達を行うことを**マルチモダリティの伝達**という．

それに比べて機械の情報の受け入れは音声や押しボタンのように単一のモダリティの情報に依存している．これから，人間と機械との情報交流の密度が高まってくると，モダリティの違いが人間にいら立ちを感じさせることになりはしないか．

逆に機械がマルチモーダルで対応してくれれば，人間は機械に心があるように感じるに違いない．

モダリティが異なると情報の構造がどのように違うか，視覚と聴覚を比較してみよう．視覚情報は静止画像の場合，空間的に2次元配列された画素の集合である．その中から注目する対象を抽出して取り込まれる．一方，聴覚情報は音声であり，時間軸の上に展開される．連続した音声情報の中から注目する言葉を抽出して取り込まれる．このように，モダリティが異なるとセンサの構造が異なるだけでなく，情報の構造も異なるので，処理の過程が異なる．その処理の構造を示したのが，**図 10.3** である．階層化された分散構造になっており，中間層において異なるモダリティの情報の統合と融合が実行されている．

人間と機械との間だけでなく，機械自体においても異なるモダリティの情報の統合や融合の必要が主張されている．もっとも顕著な例は自律的に行動する**ロボット**である．ロボットが構造化されていない未知の環境で行動して役割を果たすには単一のモダリティではなく，複数のモダリティのセンサとその情報を統合する処理機能が必要となる．

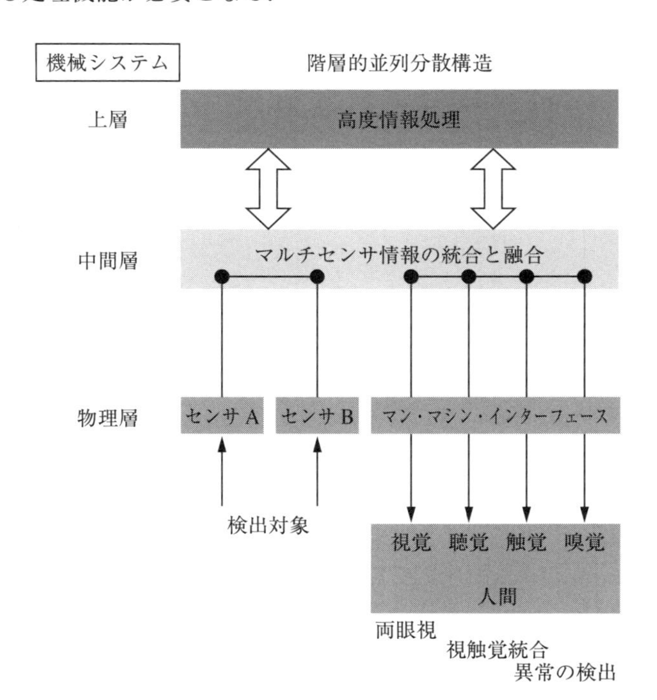

図 10.3 センサ情報の統合と融合

10.5.5　新しいセンシング・システム

センサデバイス単独ではどうしても実現できない機能を，システム構成により実現するのが**センシング・システム**構築による有力な成果である．広域に配置された複数のセンサデバイスからの情報を組み合わせて，その信号を処理し，有効な情報を得る手法と，センサデバイスにマイクロプロセッサやメモリなどを結合して分散処理を行い，必要な情報を得る手法がある．後者の手法は前述したセンサの知能化に通じる．

前者の手法は広域にわたる情報をきめ細かく収集し，その中から大域的，またはより高度の知見を得るとされる場合に使われる，多次元センシング・システムとも呼ばれる．

身近な実例としてX線CT（コンピュータ断層撮影装置）を取り上げよう．これからのシステムではなく，既に十分に普及しているシステムであるが，手法の構成を示す最適な実例である．X線センサ自体は従来のものと本質的には変わりはない．複数のセンサを配列し，身体の周囲のX線源とセンサの走査により周辺で情報を取得し，それをコンピュータで処理して，X線の透過率の空間分布すなわち断層像を得る．この方式では1点の情報では単なる物理量としての意味しかもたないが，その集合と透過率分布のパターンが可視化されることで病態という空間的広がりをもつ人体内の複雑な状態が明らかとなり，10.1節で示した要請に応えることになる．

さらに大きな空間的広がりをもつセンシング・システムとして遠い宇宙を探索する望遠鏡がある．合成開口と呼ばれる技術を使用している．

光学系の角度分解能は光の波長と反射鏡やレンズの開口径との比で決まる．音波や波長の長い電波を使用すると波長が光より長いため，大きな開口が必要になる．たとえば，開口系10 cmの反射望遠鏡と同じ分解能をGHz程度の電波望遠鏡で実現しようとすると，パラボラアンテナの口径は数十kmになってしまい実現不可能となる．

そこで，小口径の開口をもつ複数の波動センサ（アンテナ）を広範囲に配置し，それらの信号にセンサの位置に対応した時間的処理を加えると配置した広域のサイズに相当する分解能が得られる．これが合成開口型レーダといわれるセンシング・システムである．これをコンピュータで結像操作を行う光学系と見なすことができ，センサとコンピュータとが有機的に結合して広域的情報を高分解能で収集する機能を実現する例である．**図 10.4** に合成開口型電波望遠鏡システムの例を示す．

図 (b) において，凸レンズを遅延時間が中央部で大きく，周辺部で小さくなるように連続的な遅延時間配分を与えた装置と見なすことができる．かわりに離散的に配列したセンサ群と D_1 ～ D_7 からなる遅延時間配分とによって同様な結像系を実現できることが直観的に理解されるであろう．

コンピュータとセンサ群とが等価的に光学結像系を形成しているのであるから，光軸や焦点を高速度で動かしたり，同時に複数の点に焦点を結ばせることも可能である．

また，光学系の収差をコンピュータにより数値で補正することも可能であり，堅い機械的構造をもつ物理的な光学系に対し，ソフトな光学系ということができよう．

この技術を活用して合成開口型ソナーが開発されていることを，第 7 章の超音波センサの説明において述べた．この技術がすでに医用超音波映像システムにおいて使用されている．

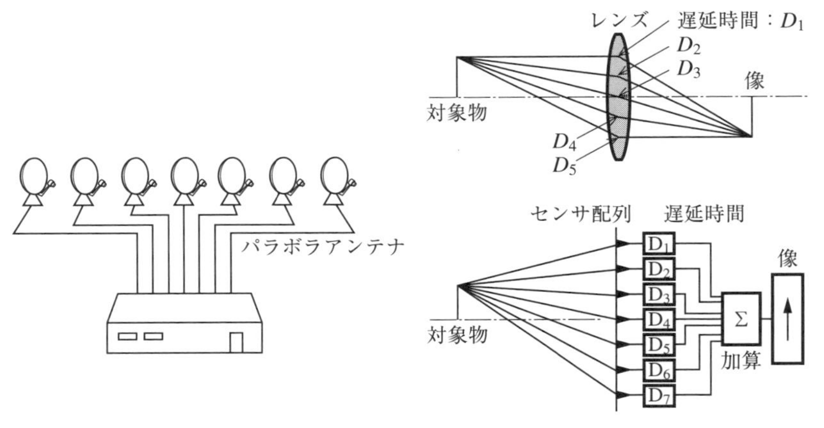

(a) 合成開口型電波望遠鏡　　(b) レンズを使った結像系と合成開口型結像系

図 10.4　合成開口型センシング・システム

この章ではセンシング・システムの将来について述べているので，これからの応用として説明しよう．

いままで述べてきたように1個のセンサデバイスでは，原理的に不可能な状況で，複数のセンサを分散配置して，配置の広がりに対応する大きな開口を実現する手法である．実例では，光より波長の長い音波や電波で大きな開口を実現する場合であった．波長の短い光であっても，より高い分解能を得るために大きな開口を必要とする場合がある．2019年ブラックホールの画像の撮影にはじめて成功したのは，地球上で分散配置された複数の電波望遠鏡をつなぐことで地球直径に近い巨大な開口を実現した．

10.6　センサデバイスの知能化

人や生物において，知的側面の信号処理は主として脳で実行される．しかし，一部の処理は検出機能をもつ感覚器により分散処理として実行される．脳の負担や信号伝送路の負担を軽減するためである．

センシング・インテリジェンスの動作の基本は対象に関する特徴となる知識であり，それをもとに構築した対象に関するモデルである．最初に対象の特徴を表すモデルの必要性とモデルに基づくセンサの選択について述べたように，モデルとそれが表現する特徴はセンシングに本質的であるが，センサの信号処理を構築する知識としても必要となる．

10.6.1　知能化の段階

センサの知能化の段階を考察する場合，前項で述べたセンシング・インテリジェンスの進化の段階と考えても差し支えないと考える．

（1）影響量の補償や直線性などの特性改善，センサデータの意味の理解，知能化の初期段階と見なせる．

（2）自動校正，機能の自己診断などの自律的機能が実現．分散処理など，環境への適応，特性の最適化，センシング・システムの基本的機能が確立される．センシング・インテリジェンスの自立化が進む段階と見なせる．

（3）対象の特徴の抽出，大量のデータから共通の特性を取り出す，パターン認識などの機能創出．医用画像から病変データの識別，顔の画像データから個人特定，人工知能機能との融合など，センシング・インテリジェンスが高度化して複雑な対象から知的操作により有効な情報が効率よく得られる段階と見なせる．

(1)(2)の段階は一部がすでに実現した．(3)はこれから大きな発展が期待されている．

10.6.2　センシング・インテリジェンスの構造

前項で述べたセンシング・インテリジェンスは，ほとんどの場合，ディジタル信号処理を実行するコンピュータとそれを駆動するソフトウェアである．

多くのセンサの出力信号は，アナログ信号である．なぜ，信号処理がディジタル情報処理となるのだろうか．

ディジタル信号処理には次のような特徴がある．

・大量のデータを短時間にメモリに記憶させ，長時間保持できる．
・大量のデータから条件に合うデータを短時間に検索できる．
・データの比較や検索にかかる時間が非常に短い．
・扱えるデータの数が非常に大きく，記憶させるメモリ容量の拡張が容易である．

これに対してアナログ信号のデータはまず記憶させ，保持することが困難である．さらに，大量のデータの比較や検索が困難である．その理由は，ディジタルデータが離散的な数値，符号であるのに対し，アナログデータは連続量だからである．

10.6.3　センサ知能化の技術的実現手法

センサの知能化を人間の視点から見ると，人間がもつ知識をセンシング・インテリジェンスが取り込み，センサの出力信号の処理において活用することである．

具体的な知識の実装はアナログ信号を出力するセンサデバイスとディジタル信号処理を実行するディジタルデバイスとの結合となる．

その形は色々あるが，**図 10.5** にセンサとマイクロプロセッサとの結合例を

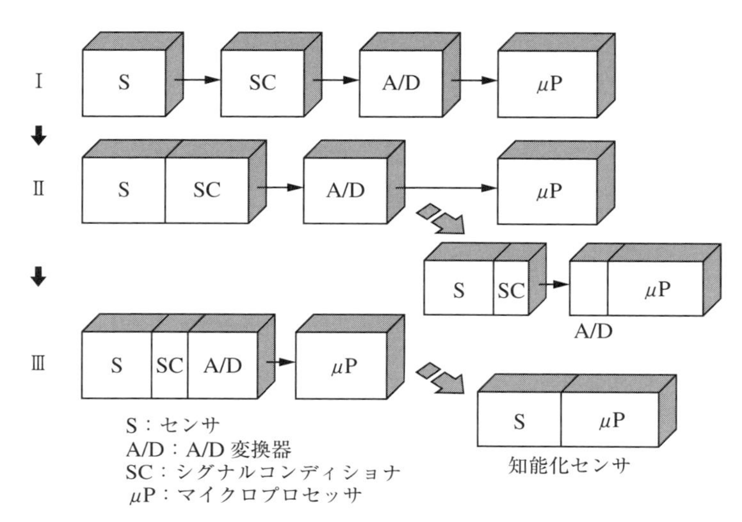

図10.5　センサとマイコンとの結合形態の変遷

示す．

両者を直接結合させるのではなく，センサのアナログ出力信号をディジタル信号に変化する役割をもつアナログ/ディジタル（A/D）変換器，アナログ信号のレベルを最適化させるシグナルコンディショナなどが介在する．さらに，マイクロプロセッサを動作せるためのプログラムやデータを収容したメモリなどが必要となる．

図の中で，ⅠとⅡのレベルは一部実現しているが，実装例が増加するにつれて中間の機能がどちらかのデバイスに内蔵されて，直接結合する形に近づいていく．

図10.6は差圧・圧力センサとマイクロプロセッサとの結合を示した実例である．

差圧センサで温度や静圧などの影響量を測定し，同一チップ上に作成された影響量センサによるデータで数値補償する工業計測用差圧変換器である．

数値補償のデータは，センサ製造時に温度試験により個々のデバイスの特性計測値から求め，それぞれのデバイスのROM（read only memory）に書き込んでおく，マイクロプロセッサは別チップだが，補償の不確かさはアナログ補

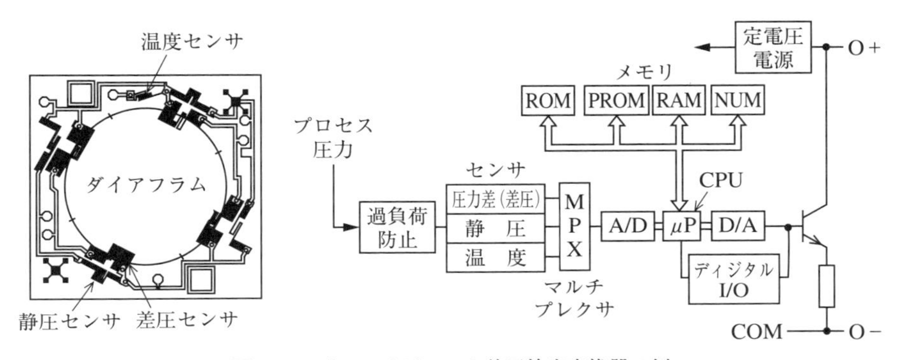

図 10.6　インテリジェント差圧検出変換器の例

償の数分の1といわれている[3]．

センサの出力信号が周波数の場合，入力信号と出力周波数との関係が直線的でないため，補償による直線性の改善が容易ではない．数値補償はこのような問題を解決し，設計の自由度を増すことができる例である．センサ特性の補償は知能化の入り口に過ぎないが，大きな効果を上げている．

10.6.4　知能化による認識機能の実現

10.6.1項で述べた知能化の段階の（3）の機能実現に挑戦した例として，特性の異なるガスセンサを複数組み合わせ，その感度パターンの相違に着眼し，パターン認識技術を利用して対象のガス成分を同定する．

6個の特性の異なる酸化物半導体ガスセンサの出力信号パターンを，多数のガスについてマイクロプロセッサのメモリに記憶させておき，未知のガスのパターンからその類似度を計算で求め，ガスの種類を判別する．同時にガスの濃度をも計算で求める．

この研究開発の発端は，ウサギの嗅覚受容器に複数の種類があり，ガスの種類によって受容器の出力パターンが異なることを見出した研究成果であった．

この例はマイクロプロセッサの知能を利用して成分センサの選択性を実現しているとみることができる．選択性を実現するには，バイオセンサのように酵素などの分子識別能力を利用する方式もあるが，対象物質の種類に応じてその数だけ異なるセンサが必要となる．この例では6個の不完全な選択性をもつセンサの特性の相違を利用して6種類以上の異なる対象に対応できることが有利である．無限に近い数のにおいの対象に接する人間や動物の嗅覚のしくみは，このような識別方式をもつと言われている（**図10.7**および**表10.1**参照）．

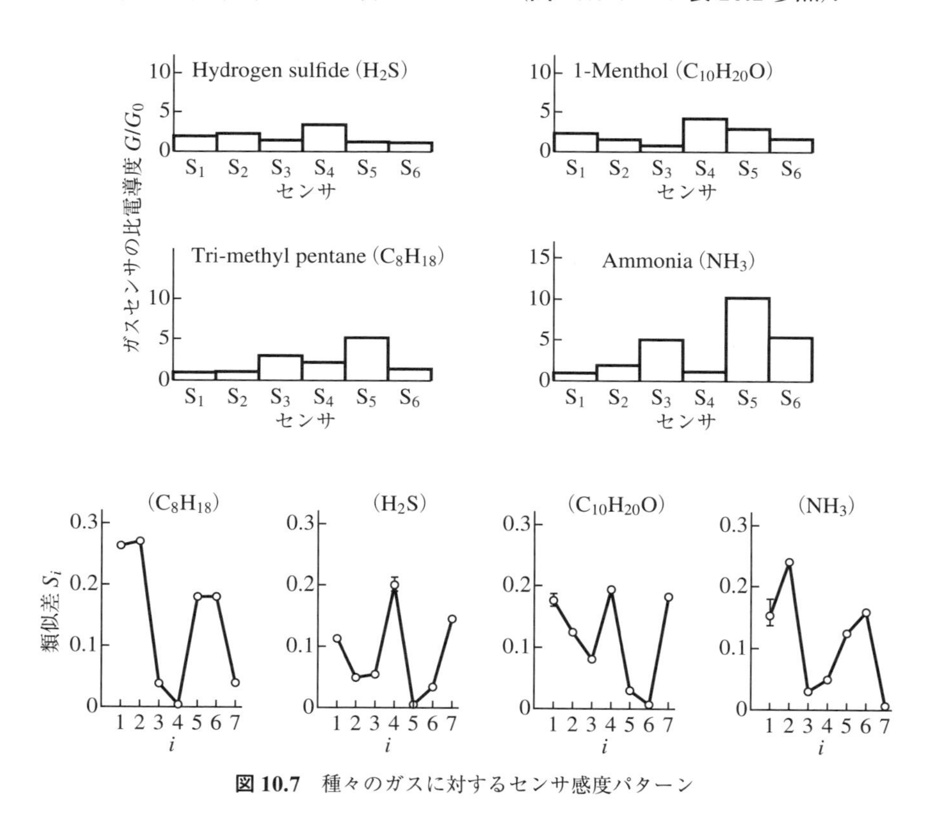

図10.7　種々のガスに対するセンサ感度パターン

表10.1　厚膜ガスセンサ材料と検出対象ガス

センサ	材　料	検出可能ガス
S_1	ZnO	有機ガス
S_2	ZnO（Pt 添加）	同上（アルコールに低感度）
S_3	WO_3	H_2, CO, C_2H_5OH
S_4	WO_3（Pt 添加）	同上（アルコールに低感度）
S_5	SnO_3	還元性ガス
S_6	WO_3（Pb 添加）	同上（メタンに対して高感度）

10.6.5　センサが検出と同時に信号処理を実行

画像センサは画像を多くの画素の集合としてとらえるので情報量が多くなる．この処理量の多い情報を，信号伝送路を通して中枢に送り，そこで処理を実行すると，信号伝送と処理の負担が非常に大きくなる．また，処理に時間がかかる．

もし画像処理をセンサ自体で実行することができれば，信号の伝送路や処理の負担が軽減されるし，時間が短縮される．人間の網膜においては，イメージの結像だけでなく，動くものを注視したり，対象の特徴を抽出する機能をもつ．それで信号伝送路である神経や処理を実行する脳の負担を軽減している．

網膜と同様な機能をもつセンサが開発された．人工網膜 LSI と呼ばれる知能化イメージセンサである．画像の検出と同時に対象の特徴を抽出，すなわち，輪郭の抽出や形状のマッチングなどを高速度で実行できる(7)．

対象は同じ画像であるが，さらに処理の速度向上を狙ったセンサがある．画像情報処理をすべて並列処理とし，1 ms で実行できるようにした．人間の視覚は網膜で前処理を済ませても，脳が認識するまでに時間がかかるので，1 ms 以上の時間を必要とする．たとえば映画では毎秒 24 画面のフレームレートであり，テレビは毎秒 30 画面であるから，それ以下である 1 ms の変化の世界は人間の認識が立ち入れない世界であった．この高速度画像センサは高速動作のロボットと連動して野球ボールをバットで打ち返したり，ボールの回転とコースの変化を認識できるようになった．

以前は，映画の高速度撮影では画面ごとの処理によって速度を稼いだが，フィルムの現像や定着，プリントなどに多くの時間を要した．画素ごとの並列処理で速度を稼ぐ方式で，対象の動きが一層明確に把握され，直ちに対応できるようになる．

10.7　アナログ信号処理による知能化

信号処理は融通性に優れたディジタル方式が主流であり，この傾向は将来も変わらないであろう．しかし，目的によっては，アナログ方式がディジタル方式では実現できない特徴を発揮できる場合がある．触覚，視覚，聴覚などの空間的な位置や広がりが重要な情報である感覚においては，アナログ的手法が非常に有効である．なぜならば，ディジタル方式のような時系列に沿った逐次的処理ではなく，並列処理が容易に実現できるからである．

実際，人間や動物の感覚器官における信号の処理はアナログ方式が多い．目的に最適な処理システムが簡単な構成で構築できるからである．

アナログ方式の重要な特徴は高速性である．人間や動物の場合，感覚情報が次の行動に結びつくので，精密さより早さが大切である．

図 10.8 に示した感圧導電性ゴムの電流分布を応用した触覚センサは，材料の物性と 2 次元的な形状とを同時に信号処理に活用し，対象との接触点の位置と接触圧とを同時に示す例である．

私達の聴覚は左右 2 個の耳で音源の左右の方位を認識できるだけでなく，上下，前後の方位を知ることができる．何故，2 個の耳で 3 次元の方位の認識ができるのだろうか．人の耳介の複雑な形状が音源の方向を知覚するのに重要な働きをしていることが判明した．言葉を変えると，人間の耳は形状構造による信号処理を行い，聴覚情報の前処理を実行する一種のインテリジェントセンサ

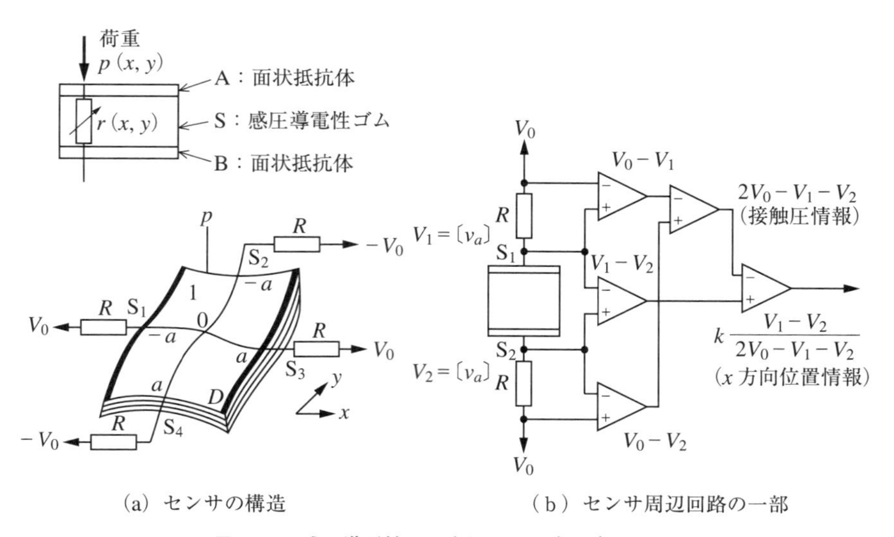

(a) センサの構造　　(b) センサ周辺回路の一部

図 10.8 感圧導電性ゴムを用いた圧力分布センサ

と考えられるのである[8].

図 10.9 は耳の外耳道に超小形のマイクロフォンを挿入し，火花放電によるインパルスの音のマイクロフオン出力波形を示したものである．併記されている角度は人の頭部の正中面における音源の角度を示し，0°が正面，90°は真上，頭頂の方位を示す．

インパルス音源は部屋の壁の反響を避けるために使用されており，第2章に述べたようにすべての周波数成分を一瞬に圧縮している．したがって，マイクロフォンの出力波形はマイクロフォンの応答を含む耳介や外耳道の応答を示している．インパルス応答の波形がインパルスから離れ，複雑な波形であるのは，耳介や外耳道における反射を含むからである．波形が音源の角度により異なるのは，反射が異なるためである．耳介の形は人により微妙に異なるが，音源の方位の違いによる反射の相違を幼時から体験を積むことにより，人間が左右の耳で前後上下の音源の方位を識別できるようになると考えられる．

優れたアナログ処理機構をもつ知能化センサデバイスを実現するためには，分散処理のための機能の高い集積化や多機能化が必要で，前に述べたマイクロ

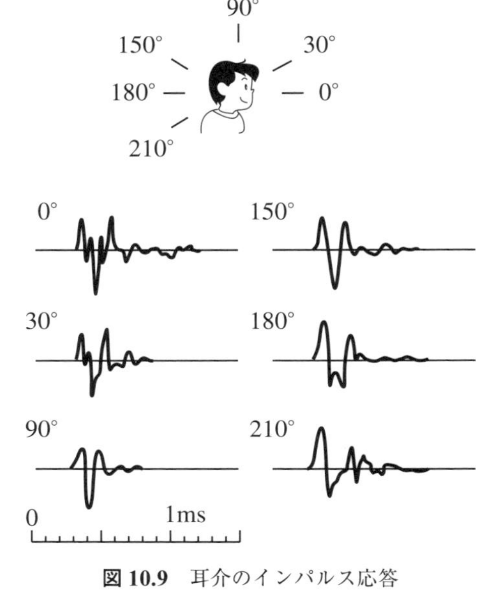

図 10.9　耳介のインパルス応答

マシニングのような材料加工技術の発展が期待される．また，バイオテクノロジーも新しいセンサ材料を創造するだけでなく，バイオチップのような新しい情報処理機能をもつデバイスを創出する可能性がある．

10.8　センサ機能の高集積化

センサデバイス技術の進歩により，その機能が高度化するであろう．一方，センシング・システムの機能はさらに知能化が進む．半導体技術やマイクロマシン技術の進歩により小型微細化が進む．機能の集積化が進むと，種々の異なる機能が 1 チップの上に集積されることが実現する．

図 10.10 に示すのは，このような集積化が進み，さらに高度化した知能化センサの一つの姿とみられる．

図は感知と認識とを一つのチップで実行する文字認識イメージセンサの例である．一つのシリコンチップを 4 階層の 3 次元 IC として，最上層は光センサの 2 次元配列としたイメージセンサで，対象のイメージを明暗の電気信号に変換する．第 2 層は，イメージ情報のノイズを除去するために多数決論理で処理

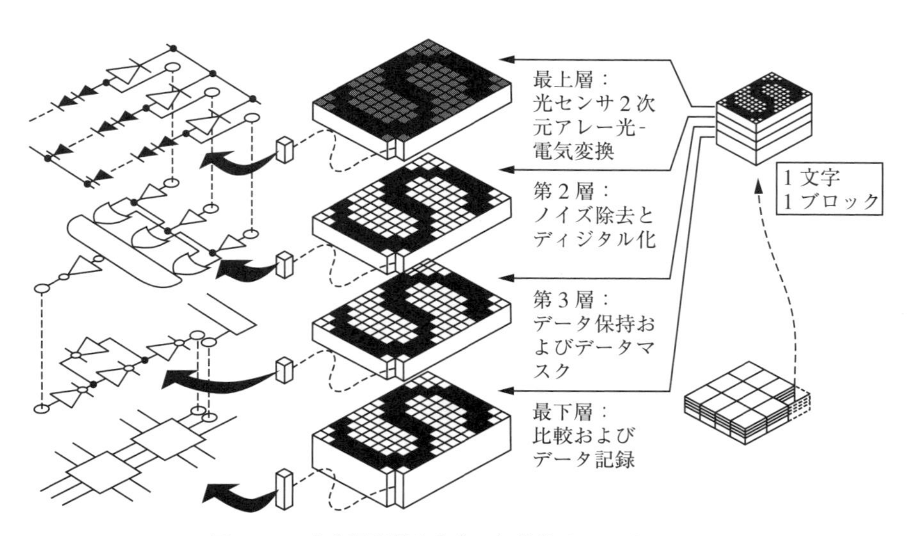

図 10.10　文字認識機能をもつ知能化イメージセンサ

し，2値信号に変換する．第3層は第4層に記憶されている文字パターンとのテンプレートマッチングを行い，検出した文字がなんであるかを認識する構造である．64の大文字，小文字，数字を数μsで認識する能力をもつ[10]．

今後の発展の重要な方向として，センサとアクチュエータとの一体化，機能の集積化がある．触覚は，このような構造なしには実現できない．センサのアクティブな行動により信号処理の負担が大幅に減少する．センサがとる位置そのものが対象の形状に関する情報を与えるからである．センサを固定して対象表面の形状を認識するためには，視覚で形状を把握する場合のような複雑な信号処理が必要となる．すでに一部の内視鏡で，病変部分を観察するだけでなく，組織の一部を採取したり，治療する機能をもつものが実現している．

さらには，センシング・ロボットと呼ばれるようなシステムが実現するであろう．そして，知能化センサは，さらに生体のセンシング・システムに近づく方向で発展することになる．

非常に優れたセンシング・システムである人間の機能を代替するのだから，工学的なセンシング・システムの機能や構成が生体のシステムを指向するのは当然といえよう．ただ，現状では人間のそれとの差はまだ大きい．特に信号処理やその後の認識など，後処理の部分で差が目立つ．今後，人工知能の技術成果がこの部分で活用され，集積された知識を活用して人間との差を詰める，分野によっては，人間の能力を超えることがあり得る．

人間と機械との関係を考えると，人間の労働を機械が少しずつ代替してきた．その過程においても，人間が機械の動作や原理を学び，機械を操作して動作させてきた．いわば，人間が機械に合わせてきた．機械がセンサを持ち，知覚機能を高度化させるに従い，人間が何を望んでいるかを機械が察して，行動するようになれば，機械が人間にとってさらに優しい機械になり得るだろう．これからは，機械が人間に合わせるような存在となり，人間と機械との関係が大きく変化することになる．そのためには機械が人間の希望や意思を正しく読み取ることが必要である．自動化機械のセンシング・インテリジェンスはその方向に進歩しつつあり，人間と機械とのコミュニケーションをさらに改善する要請が強い中で，センシング技術の一層の充実が期待されている．

第10章で学んだこと

センシング技術の進歩は早く，将来の姿を正しく描くことは難しい．機械と人間との間の情報交流が人間相互に比べて著しく遅れている．それがセンサ技術の発展で，自然な情報交流となることが強く期待されている．現在の技術に対する不満や期待が将来の姿を規定することになるので，技術の萌芽や進歩の過程を示した．これからの未来像を想像して欲しい．

練習問題

問 10.1　現在のセンサにおいて，異常の検出を実行しているセンサの例をあげよ．その異常をどのようにモデル化しているか．

問 10.2　センサ情報の意味を機械が考えるセンシング・インテリジェンスが活動している例を挙げよ．

問 10.3　人とロボットとが協働作業を行う協働ロボットに取り付けられているセンサの中で，最も重要な働きをしているセンサは何か．

参考文献

■第 2 章

(1) 計測自動制御学会（編），出口光一郎・本多　敏：センシングのための情報と数理，コロナ社（2008）

(2) 山﨑弘郎・石川正俊・安藤繁・今井秀孝・江刺正喜・大手明・杉本栄次（共編）：計測工学ハンドブック，朝倉書店（2001）

(3) 北森俊行：計測系の構造と機能，計測と制御，19，pp.27-32（1980）

■第 3 章

(1) 田中　充：キログラム定義の改定，学士会会報，No.936（2019- Ⅲ）

(2) 飯塚幸三（監修）：計測における不確かさ表現のガイド―統一される信頼性表現の国際ルール，日本規格協会（1996）

(3) 今井秀孝（編）：計測の信頼性評価，日本規格協会（1996）

■第 4 章

(1) 森村正直・山﨑弘郎（共編）：センサ工学，朝倉書店（1982）

■第 5 章

(1) 森村正直・山﨑弘郎（共編）：センサ工学，朝倉書店（1982）

(2) 山﨑弘郎・石川正俊・安藤繁・今井秀孝・江刺正喜・大手明・杉本栄次（共編）：計測工学ハンドブック，朝倉書店（2001）

■第 6 章

(1) 小宮勤一：流体量の測定，朝倉書店（2005）

(2) 山﨑弘郎・石川正俊・安藤　繁・今井秀孝・江刺正喜・大手　明・杉本栄次（共編）：計測工学ハンドブック，朝倉書店（2001）

(3) 山﨑弘郎・栗田良夫・阿賀敏夫・大木眞一（共著）：渦流量計の創造―流れを数値化する渦の秩序―，日本工業出版（2015）

■第 7 章

(1) 柳田博明・山﨑弘郎（編著）：センサ先端技術，海文堂（1986）

(2) 森村正直・山﨑弘郎（共編）：センサ工学，朝倉書店（1982）

(3) 室英夫（編集），藍　光郎・石垣武夫・岡山努・石森義雄：マイクロセンサ工学，技術評論社（2009）

■第 8 章

(1) 森村正直・山﨑弘郎（共編）：センサ工学，朝倉書店（1982）

(2) 松山　裕：温度の測定と制御，財団法人省エネルギーセンター（1989）

■第 9 章

(1) 山﨑弘郎・石川正俊・安藤繁・今井秀孝・江刺正喜・大手明・杉本栄次（共編）：計測工学ハンドブック，朝倉書店（2001）

(2) 室英夫（編集），藍　光郎・石垣武夫・岡山努・石森義雄：マイクロセンサ工学，技術評論社（2009）
(3) NASA: Facts, NF-75/3-77, NASA (1977)
(4) 森泉豊栄・中本高道：センサ工学，昭晃堂（1997）

■第 10 章

(1) 安藤　繁：合成開口レーダと間接計測技術，計測と制御，Vol.22，No.2，pp.209-218（1983）
(2) W. H. Ko, B.-X. Shao, C. D. Fung, W.-J. Shen, G.-J. Yeh: Capacitive Pressure Transducers with Integrated Circuits, Sensors & Actuators, Vol.4, pp.403-411 (1983)
(3) デジタルスマートトランスミッタ，計測と制御，Vol.23，No.12，pp.1054-1055（1984）
(4) 田村安孝・山﨑弘郎：センサ・アレイを用いる超音波ドップラー速度計測における速度推定特性の理論的解析，計測自動制御学会論文集，Vol.21，No.10，pp.1058-1064（1985）
(5) M. Kaneyasu: Olfactory system, in H. Yamasaki (Ed.): Intelligent Sensors, pp.177-189, Elsevier Science (1996)
(6) M. Ishikawa, M.shimojo: Tactile Systems, in H. Yamasaki (Ed.): Intelligent Sensors, pp.165-176 (1996)
(7) 近藤由和・田村俊之・三宅康也・田中健一・田井修市・久間和生：人工網膜モジュール，三菱電機技報，Vol.73，No.3，pp.191-194（1999）
(8) Y. Hiranaka, H.Yamasaki: Envelope Representations of Pinna Impulse Responses, J. Acoust. Soc. Am.,Vol.73, pp.291-296 (1983)
(9) H. Yamasaki: What are intelligent sensors, in H.Yamasaki (Ed.): Intelligent Sensors, Elsevier Science, pp.1-16 (1996)
(10) J. Van der Spiegel: Computational Sensors, in H. Yamasaki (Ed.): Intelligent Sensors, Elsevier Science, pp.19-37 (1996)
(11) 科学技術庁（監修），山﨑弘郎・石川正俊（編著）：センサフュージョン　実世界の能動的理解と知的再構成，コロナ社，pp.1-35（1992）
(12) H. Yamasaki: The future of sensor interface electronics, Sensors & Actuators A: Pysical, Vol.56, Issues 1-2, pp.129-133 (1996)

練習問題の略解

■第1章

問 1.1　センサは機器やシステムの先端に設置され，対象の状態や状況を機器の信号に変換するデバイスである．トランスデューサは信号変換器であって，機器やシステムの中や先端，末端などにあって，信号の変換に使われるデバイスである．センサの機能と重なる．

問 1.2　a）光センサとして使用可能．

d）過大電流の検出器として可能．継続的使用不可．

h）方位を知る目的で使用可能．

j）液体が酸性か，アルカリ性かを知る．

b，c，e，f，g，i）不可能．

問 1.3　本文 1.4.2 参照．

問 1.4　本文 1.2 参照．

問 1.5　本文 1.1 参照．

■第2章

問 2.1　式（2.2）より

$$C\frac{dV_c}{dt} - \frac{E - V_c}{R} = 0 \tag{2.2}$$

変数分離によって解く．

$$\frac{dV_c}{E - V_c} = \frac{dt}{CR}$$

$$\ln(E - V_c) = \frac{-t}{CR}$$

両辺の指数をとって

$$E - V_c = +Ke^{\frac{-t}{CR}} \qquad （初期条件\ t = 0,\ V_c = 0,\ E = E） \tag{解 2.1}$$

$$0 = -E + K \qquad K = E$$

$$V_c = E(1 - e^{-\frac{t}{CR}}) \qquad (t = \infty,\ V_c = E) \tag{解 2.2}$$

問 2.2　式（解 2.1）において，初期条件 $t = 0$，$V_c = E$，$E = 0$ とする．

$$V_c = Ee^{-\frac{t}{CR}} \qquad (t = \infty,\ V_c = 0) \tag{解 2.3}$$

問 2.3　本文 2.2.1 を参照．

問 2.4　本文 2.1.3 を参照．

問 2.5　本文 2.1.4 を参照．

問 2.6　本文 2.1.4 を参照．

問 2.7　本文 2.2.2 を参照．

■第3章

問 3.1　本文 3.1 を参照．

問 3.2　本文 3.2 を参照．

問 3.3　本文 3.3 を参照.
問 3.4　本文 3.3 を参照.

■第 4 章

問 4.1　本文 4.1 ～ 4.4 を参照.
問 4.2　本文 4.2 を参照.

応力：σ = 荷重／断面積の計算.

$$\sigma = \frac{W}{A} = \frac{10 \cdot 10^3\,\mathrm{N}}{10^{-2} \cdot 10^{-2}\,\mathrm{m}^2} = 100\ \mathrm{MPa}$$

ひずみ：ε の計算.

$$\varepsilon = \frac{\sigma}{E} = \frac{100\ \mathrm{MPa}}{206\ \mathrm{GPa}} = 4.85 \times 10^{-4} = 485 \times 10^{-6}$$

金属ひずみゲージの抵抗変化

$$\frac{\Delta R}{R} = (1 + 2\sigma)\varepsilon = 776 \times 10^{-6}$$

問 4.3　本文 4.5 参照.
問 4.4　本文 4.5 参照.
問 4.5　本文 4.5 参照.

■第 5 章

問 5.1　距離を，正確な間隔で繰り返す構造の繰り返しの計数で移動距離を検出する．ディジタル信号に変換するには 1 と 0 とで状態を識別する手法が使われる．1 と 0 の状態を何に対応させるかにより，実現手法が異なる．高さの高低，光に対して透明か不透明，磁化の向きなどが使われる．本文 5.1 参照.

問 5.2　本文 5.2 を参照.

問 5.3　回転角には 1 回転という単位構造がある．その計数だけで済む場合が最も簡単で，増分型で間に合う．回転角度に関する情報が必要な場合は，より細分化した構造が必要となる.

問 5.4　海上や空中には距離を知るための単位構造をつくれないので，かつては地図，海図あるいは天体観測を頼りにする推測が主であった．しかし，天候によっては全く役に立たないことがあった.

問 5.5　日夜，天候によらず測位情報が得られるのが，最大の利点．それを生かすため，多数の衛星とそれらに積載された正確な原子時計の時間情報がカギである.

■第 6 章

問 6.1　流速，流量センサは対象の流体に接し，気体，液体の性状や種類に左右されず，流速，流量を知ることが要求されるため，流体の物性に影響を受けず，流速を知るため，構造の最適化の要求を満足する構造を実現しているからである.

問 6.2　本文 6.3 の式 (6.5) を適用する.

$$Q = S_2 V_2 = S_2 \sqrt{\frac{2(p_1 - p_2)}{\rho(1 - m^2)}} \tag{6.5}$$

ただし，$m = S_2/S_1$

(1) 絞りがベンチュリー管である場合，口径 100 mm，平均流速が 5 m/s.

式 (6.5) より差圧は

$$p_1 - p_2 = \frac{\rho Q^2 (1 - m^2)}{2S_2^2} = 9722 \text{ Pa} = 9.722 \text{ kPa}$$

(2) しぼりがオリフィスである場合，流出係数 ε が 0.6 であるから，式 (6.5) は

$$Q = S_2 V_2 = S_2 \varepsilon \sqrt{\frac{2(p_1 - p_2)}{\rho (1 - m^2)}}$$

$$p_1 - p_2 = \frac{\rho Q^2 (1 - m^2)}{2\varepsilon^2 S_2^2} = 27.00 \text{ kPa}$$

問 6.3 渦発生体の側面の平均流速を求める．管口径 100 mm，渦発生体の幅 25 mm であるから，管路断面積の変化は 0.025×0.1 m^2，平均流速 7.34 m/s，ストローハル数が 0.15 であるから，渦放出周波数は式 (6.6) $f = Sv/d$ より，44.04 Hz となる.

問 6.4 管路内の平均流速は 5.00 m/s，電極間に得られる起電力は 式 (6.14) $e = 2Bav'$ より

$e = 0.005$ V $= 5.0$ mV

となる.

問 6.5 第 6 章で説明した流速センサは平均流速に管路断面積をかけて流量を求める原理である．それゆえにいずれも管内の流れの流速分布の影響を受ける．円管内の流速分布は壁面の粘性による抵抗から管軸部が最も速く，周辺に近づくにしたがい遅くなる軸対称の流速分布に落ち着く．管路が曲がっていたり，分岐や弁などがあると，その下流の流速分布は軸対称から外れて，軸対称に回復するのに助走区間が必要である．計測した流速から体積流量を推定する流量計は流速分布の影響を避けるため，上流側に管径の 10 倍程度，下流に 5 倍程度の直管部を設けることを要求される．下流にも直管部が必要なのは，下流の流れの状況が上流に影響するからである．直管部を必要としないのは，体積流量を直接計測する容積流量計のみである.

■第 7 章

問 7.1 図 7.7 において，フォトダイオードに光が入射した場合の特性が示されている．その電流-電圧特性の電圧軸との交点が開放起電力であり，電流軸との交点が短絡電流を与える.

問 7.2 太陽電池の基本構造はシリコンフォトダイオードと同じである．したがって，図 7.7 において，太陽電池から電力を取り出すためには，負荷抵抗を接続する．負荷抵抗の値により，取り出せる電力が異なる．同図第 4 象限の原点から発する直線が負荷抵抗を示し，抵抗値が大きければ，電圧軸に近づく．負荷抵抗の直線と，フォトダイオードの電圧-電流特性との交点が太陽電池から負荷抵抗が取り出せる電力を示す.

問 7.3 ホール磁気センサの起電力 e を表す式 (7.7) で e に最大値が与えられているので，ϕ は $\pi/2$ となる.

$$e = R_{\mathrm{H}} \frac{\boldsymbol{B} \times \boldsymbol{i} \times \sin\phi}{d} \tag{7.7}$$

e, d, i, R_{H} に与えられた数値を入れると $\boldsymbol{B} = 2.5 \times 10^{-7}$ T（ピーク値）の交流磁界となる.

問 7.4

共通点：原版と同じものを大量に再生する.

相違点：原版情報を加工対象に転写した後，加工対象に選択拡散，選択エッチングなど，原

版情報に従い，アクセプタ，ドナーなどの拡散，選択的なエッチング操作などにより3次元的な形状加工や機械的可動部分を形成する．印刷技術は原版情報を紙面に複製させるだけで，機械的加工は行わない．

問 7.5

共通点：超音波信号を利用して，鋳造材や管材，溶接部分などの内部欠陥を非破壊的に見つける点では共通である．

相違点：超音波探傷では，検査対象にパルス波などの超音波信号を送波し，内部欠陥からの反射により欠陥の有無や場所を推定する．それに対し，アコースティック・エミッションでは，対象物に応力を加えて，局所的に蓄積していた弾性エネルギーが解放されて超音波信号として現れるのを捉える．2個以上のセンサで受信して，音源の場所を推定できる．

■第 8 章

問 8.1 温度センシング手法における接触法と非接触法

- 接触法では温度センサが対象と接触して，対象と熱平衡状態となり同一温度となった状況で，温度センサの温度を対象の温度とする．代表的なセンサは抵抗温度計である．接触法の方が正確に測れるが，対象によっては接触が困難なものがある．
- 非接触法では，センサは対象とは接触せず，対象が温度に応じて発する放射の強さを計り，対象の温度を推定する．放射率が求められないと，正確な温度を知ることができない．代表的な温度センサは単色型放射温度計である．

問 8.2 温度センサが物性型のセンサの代表と言われる理由は，温度は，ほとんどすべての物性に影響を与える物理量であるためである．温度を他の量に変換するしくみが最も多い．それらのしくみのなかから，最も再現性があり，不確かさの少ない物性的効果が温度センサとして使用されている．

問 8.3 基準接点の温度を熱電温度センサ以外の温度センサ，たとえば，抵抗温度センサやトランジスタ温度センサを利用して計測し，基準接点の温度変化を補償する．本文 8.2.2 参照．補償方式は図 2.15 参照．

問 8.4 本文 8.3.2 に示した3線式と呼ばれる解決法が工業計測では多く使用される．途中の導線抵抗の影響を完全に除くには，抵抗温度センサに正確に一定電流を供給し，センサの電圧降下を別の導線で取り出して，電圧降下から抵抗値を推定する．電流供給に2本，電圧降下を取り出すのに2本，合計4本の電線が必要なので，4線式と呼ばれる．

■第 9 章

問 9.1 対象の成分が何であるかを知る必要がある．それを成分選択性という．本文 9.1 参照．

問 9.2 多くの物質に広く適用できる分析手法として分光分析と濃淡電池により電位差を得る手法がある．前者は物質と種々の波長の電磁波との相互作用を利用して成分と濃度を知る．後者は電子やイオンの濃度差に応じた電位差に変換する手法である．本文 9.2.1 および 9.2.3 参照．

問 9.3 本文 9.3.4 参照．

問 9.4 本文 9.4.1 参照．

問 9.5 本文 9.5 参照．高い選択性を実現するため，酵素の分子識別機能を利用する．

■第 10 章

問 10.1 異常の検出だけを実行するセンサは少ない．状態が正常であることを監視するセンサが，状況が異常であることを報じる形が多い．状態が正常である範囲を数値で規定するのは困難ではない．正常な状態からの逸脱を異常とみなしてアラームを発する．正常な状態は対象にせず，異常のみを対象にするセンサで身近にみられるセンサは火災報知器のセンサである．そのセンサは火災を煙が立ち込めた状態とモデル化しアラームを発する．温度の急上昇をモデル化するものもある．いずれも，人が火事だと判断する状況とは異なり，その一部に過ぎない．それらのモデルが正しくないと誤報のもとになる．

材料の内部の傷を検出するセンサがある．傷の特徴が明快である場合に使用される．原理は超音波探傷法（本文 7.6 参照）と，渦電流の乱れを利用した探傷法のセンサである．後者は対象が金属に限定される．

問 10.2 我々がセンサ情報に期待するのは，過去の情報ではなく，未来の情報である．センシング・インテリジェンスは，現在得られたセンサ情報から，これから起こり得る未来の状況をインテリジェンスで予測して表示する．開発中の自動運転の車上センサが道路上の他の車や歩行者の動き検出しても，それが安全に影響するか否か，それらが意味する未来の状況を予測して減速するか，ブレーキをかけるかの判断をする．センサデバイスの出力信号からセンサデバイスの状態が健全であるかどうかを自己診断する働きもある．

問 10.3 協働ロボットは人間の作業者と作業空間を共有する．したがって，最も大事なことは空間を共有するロボットと人間と加工対象のワークとの干渉である．それらの衝突が避けるべき事象として，人間との接触に敏感な触覚センサがロボットに設置されている．

索 引

ア 行

カ 行

サ　行

タ　行

ナ　行

ハ　行

マ 行

ヤ 行

ラ 行

英数字

〈著者略歴〉
山﨑弘郎（やまさき　ひろお）
工学博士
1956年　東京大学工学部応用物理学科卒業，横河電機製作所入社
1971年　東京大学工学部講師（非常勤）兼任
1972年　工学博士（東京大学）
1974年　横河電機退社
1975年　東京大学工学部計数工学科　教授
1985年　東京大学付属図書館長併任（～1987年）
1993年　東京大学定年退官
1993年　横河電機入社．横河電機　常務取締役
1995年　横河電機総合研究所　代表取締役会長（～2007年）
現　在　東京大学名誉教授
　　　　公益財団法人大河内記念会　理事長

センサ工学の基礎（第3版）

1985年10月10日　第1版第1刷発行
2000年10月 2日　第2版第1刷発行
2019年12月15日　第3版第1刷発行
2024年 9月10日　第3版第5刷発行

著　者　山﨑弘郎
発行者　村上和夫
発行所　株式会社オーム社
　　　　郵便番号　101-8460
　　　　東京都千代田区神田錦町3-1
　　　　電話　03(3233)0641(代表)
　　　　URL　https://www.ohmsha.co.jp/

組版　新生社　　印刷・製本　平河工業社
ISBN978-4-274-22449-2　Printed in Japan